高等职业教育艺术设计"十二五"规划教材
ART DESIGN SERIES

成衣设计

Clothing Design Course

教程

刘天勇 胡兰 编著

U0321455

国家一级出版社
全国百佳图书出版单位

西南师范大学出版社
XINAN SHIFAN DAXUE CHUBANSHE

序
Preface 沈渝德

职业教育是现代教育的重要组成部分，是工业化和生产社会化、现代化的重要支柱。

高等职业教育的培养目标是人才培养的总原则和总方向，是开展教育教学的基本依据。人才规格是培养目标的具体化，是组织教学的客观依据，是区别于其他教育类型的本质所在。

高等职业教育与普通高等教育的主要区别在于：各自的培养目标不同，侧重点不同。职业教育以培养实用型、技能型人才为目的，培养面向生产第一线所急需的技术、管理、服务人才。

高等职业教育以能力为本位，突出对学生的能力培养，这些能力包括收集和选择信息的能力、在规划和决策中运用这些信息和知识的能力、解决问题的能力、实践能力、合作能力、适应能力等。

现代高等职业教育培养的人才应具有基础理论知识适度、技术应用能力强、知识面较宽、素质高等特点。

高等职业艺术设计教育的课程特色是由其特定的培养目标和特殊人才的规格所决定的，课程是教育活动的核心，课程内容是构成系统的要素，集中反映了高等职业艺术设计教育的特性和功能，合理的课程设置是人才规格准确定位的基础。

本艺术设计系列教材编写的指导思想是从教学实际出发，以高等职业艺术设计教学大纲为基础，遵循艺术设计教学的基本规律，注重学生的学习心理，采用单元制教学的体例架构使之能有效地用于实际的教学活动，力图能贴近培养目标、贴近教学实践、贴近学生需求。

本艺术设计系列教材编写的一个重要宗旨，那就是要实用——教师能用于课堂教学，学生能照着做，课后学生愿意阅读。教学目标设置不要求过高，但吻合高等职业设计人才的培养目标，有良好的实用价值和足够的信息量。

本艺术设计系列教材的教学内容以培养一线人才的岗位技能为宗旨，充分体现培养目标。在课程设计上以职业活动的行为过程为导向，按照理论教学与实践并重、相互渗透的原则，将基础知识、专业知识合理地组合成一个专业技术知识体系。理论课教学内容根据培养应用型人才的特点，求精不求全，不过多强调高深的理论知识，做到浅而实在、学以致用；而专业必修课的教学内容覆盖了专业所需的所有理论，知识面广、综合性强，非常有利于培养"宽基础、复合型"的职业技术人才。

现代设计作为人类创造活动的一种重要形式，具有不可忽略的社会价值、经济价值、文化价值和审美价值。在当今已与国家的命运，社会的物质文明和精神文明建设密切相关，重视与推广设计产业和设计教育，已成为关系到国家发展的重要任务。因此，许多经济发达国家都把发展设计产业和设计教育作为一种基本国策，放在国家发展战略高度来把握。

纵观艺术设计教育，近年来国内已有很大的发展，但在学科建设上还存在许多问题。其表现在优秀的师资缺乏、教学理念落后、教学方式陈旧，缺乏完整而行之有效的教育体系和教学模式，这点在高等职业艺术设计教育上表现得尤为突出。

作为对高等职业艺术设计教育的探索，我们期望通过这套教材的策划与编写能构建一种科学合理的教学模式，开拓一种新的教学思路，规范教学活动与教学行为，以便能有效地推动教学质量的提升，同时也便于有效的教学管理。我们同时也注意到艺术设计教学活动个性化的特点，在教材的设计理论阐述深度上、教学方法和组织方式上、课堂作业布置等方面给任课教师预留了一定的灵动空间。

我们认为教师在教学过程中不再主要是知识的传授者、讲解者，而是指导者、咨询者；学生不再是被动地接受，而是主动地获取。这样才能有效地培养学生的自觉性和责任心。在教学手段上，应该综合运用演示法、互动法、讨论法、调查法、练习法、读书指导法、观摩法、实习实验法及现代化电教手段，体现个体化教学，使学生的积极性得到最大限度地调动，学生的独立思考能力、创新能力均得到全面的提高。

本系列教材中表述的设计理论及观念，我们充分注重其时代性，力求有全新的视点，吻合社会发展的步伐，尽可能地吸收新理论、新思维、新观念、新方法，展现一个全新的思维空间。

本系列教材根据目前国内高等职业教育艺术设计开设课程的需求，规划了设计基础、视觉传达、环境艺术、数字媒体、服装设计五个板块，大部分课题已陆续出版。

为确保教材的整体质量，本系列教材的作者都是聘请在设计教学第一线的、有丰富教学经验的教师，学术顾问特别聘请国内具有相当知名度的教授担任，并由具有高级职称的专家教授组成的编委会共同谋划编写。

本系列教材自出版以来，由于具有良好的"适教性"，贴近教学实践，有明确的针对性，引导性强，被国内许多高等职业院校艺术设计专业采用为教材。

为更好地服务于艺术设计教育，这次修订主要从以下四个方面进行：

完整性：一是根据目前国内高等职业艺术设计的课程设置，完善教材欠缺的课题；二是对已出版的教材，在内容架构上有欠缺和不足的地方，进行调整和补充。

适教性：进一步强化在课程的内容设计、整体架构、教学目标、实施方式及手段等方面，更加贴近教学实践，方便教学部门实施本教材，引导学生主动学习。

时代性：艺术设计教育必须与时代发展同步，具有一定的"前瞻性"，教材修订中及时融合一些新的设计观念、表现方法，使教材具有鲜明的时代性。

示范性：教材中的附图，不仅是对文字论述的形象佐证，而且也是学生学习借鉴的成功范例，具有良好的示范性，修订中将会对附图进行大幅度的置换更新。

作为高等职业艺术设计教材建设的一种探索与尝试，我们期望通过这次修订能有效地提高教材的整体质量，更好地服务于我国艺术设计高等职业教育。

高等职业教育艺术设计"十二五"规划教材编审委员会

西南师范大学出版社

前言
Foreword

　　自古以来，成衣就伴随着人类的进步而延续发展，它作为人们生活不可缺少的重要支柱之一，由原始的单纯的护体防寒用衣形成逐渐演变为当今具有深刻内涵和广泛用途的形式，成为现代文明和生活方式的集中体现。

　　当今科学技术的进步和社会经济的发展，促进了人们意识形态及文化生活的变化，成衣更倾向于快节奏多元化的发展。现代成衣形象直观地反映出了各种不同的风尚及特征，同时反映出着装者因性别、职业、教育程度、经济收入等的差异在审美心理上的不同穿着追求。尽管如此，成衣设计总归要体现"以人为本"的宗旨，因而在具体的成衣设计中，要注重人与人之间的心灵沟通，注重消费者的心理需求，为保证提供四季生活丰富多彩的衣着式样的同时又要带有鲜明的时代特色，要为满足社会大众因审美意识提高而不断增加要求。

　　现代成衣设计的创造形式不是一成不变、孤立单一的，它需要依靠服装结构、裁剪、面料、色彩、装饰等方面的协作和创新，需要物质与精神、艺术与技术的高度结合。从这个角度来说，成衣设计涉及美学、心理学、艺术设计学等系统的多方面知识。综上所述，不得不承认，现代成衣在一定的社会形态中表现出一定的观念意识、价值取向、文化素质和精神品位，成衣设计的必要性和实效性显而易见。

　　我们在多年的服装设计教学实践中，发现以往的成衣设计课程多注重服装的款式结构与表现，而忽略了成衣背后的人文价值，缺乏市场观念，缺乏应有的艺术思考，重形式而轻内容。学生虽然能熟练掌握设计技巧，也能顺利进行设计，设计作品漂亮又新颖，但无思想内涵，显得苍白空洞，无法为现代社会和大众理解，最终被市场所淘汰。我们该怎样才能让成衣设计作品真正"活"起来？这是我们常常思考的问题，也是本书要解决的问题。

　　在成衣设计教程这本书里，为适应高等职业教学培养应用型人才的目标要求，我们做了大量探索性的尝试。我们注重教学的实践性、实用性和教学的规律性，提供了科学合理的教学模式与开展方法。其中以成衣设计的理论基础、成衣设计的基本元素、成衣设计的风格、成衣设计的过程与方法、成衣设计图表现五个内容板块为基本架构，并配合大量具体的优秀设计作品范例来进行分析佐证，每教学单元均拟定了单元教学导引，详细到单元教学目标、教学要求、教学重点、思考题、作业练习题、参考书目等，以期本教程为学生提供最大限度的启示，从而收到良好的教学效果。

目录
Content

教学导引

一、教程基本内容设定

　　本教程以成衣设计基本理论及实践为线来组织教学，以便更加符合高职高专教育的特点。基于此，本教程循序渐进的设定了五个教学单元，第一教学单元成衣设计的理论基础，第二教学单元成衣设计的基本元素，第三教学单元成衣设计的风格，第四教学单元成衣设计的过程与方法，第五教学单元成衣设计图表现。通过以上五个教学单元和大量精心设置的作业练习来帮助学生领会和巩固所学知识，并实现该教程的教学目标。

二、教程预期达到的教学目标

　　成衣设计在服装设计的教学体系里，是一门重要而关键的课程，学生的设计是否能与企业接轨，是否能被市场认可，很大程度上都在这门课程里面得以体现。《成衣设计教程》主要是为高等职业教育艺术设计的学生而编写的教科书，它针对性强，具有较强的实践性，其教学目标是：（一）培养高等职业教育学生了解成衣设计的过程和方法，并能准确地掌握和运用成衣设计各项知识和规范，能够指导学生进行成衣的设计；（二）指导企业的服装设计师进行成衣的设计。

三、教程的基本体例架构

　　本教程循序渐进，由浅入深，教学内容涉及成衣设计的各个方面。以作业练习贯穿成衣设计理论与实践教学。

第一教学单元成衣设计的理论基础主要是搞清关于成衣设计的理论知识，以及成衣设计的相关原则，并初步建立成衣设计的框架性概念。

第二教学单元成衣设计的基本元素，主要是探讨成衣设计的五大基本元素：廓形元素、结构元素、面料元素、色彩元素和装饰元素。通过学习成衣设计的五大元素，使设计者更明确地懂得成衣设计的相关因素在成衣设计里面所占的位置，并能从这些相关因素出发来思考成衣设计。

第三教学单元成衣设计的风格，主要探讨了风格的形成与意义，风格的分类与特点，主要是七种风格：民族风格、都市风格、休闲风格、简约风格、前卫风格、浪漫风格、运动风格；以及通过色彩与色调、面料与工艺、款式与造型、装饰与图案实现风格。通过这个教学单元的学习，使大家懂得风格在成衣设计里面的重要性。

第四教学单元成衣设计的过程与方法，从设计前的准备到设计手法的确立，从设计构思的表达到设计成品的实现，这个教学单元主要是从实践角度分析成衣。

第五教学单元成衣设计图表现。从成衣款式图绘制到成衣效果图绘制技法，为大家对成衣的表达提供了依据。并通过大量的作业练习来领会和巩固所学知识。

四、教程实施的基本方式及手段

为了完成教学任务，达到教学目标，该教程采用实践和理论结合的方式，建议同学们在学习的过程中走进工厂，将理论知识和实践内容相结合。

五、教程实施教学安排的特点

本教程采用理论结合实践内容进行教学，先介绍成衣设计的相关理论知识，如第一教学单元成衣设计的理论基础、第二教学单元成衣设计的基本元素和第三教学单元成衣设计的风格，先让学生从整体上对成衣设计有所了解。再从第四教学单元成衣设计的过程与方法，第五教学单元成衣设计图表现来结合实践进行讲授，学生会感觉简单易懂，深入浅出。

六、教程实施的总学时设定

本教程是专业教学的重点，设计作品是否能被市场接受，是这门课程主要解决的问题。教师可以根据学生学习的进展情况在教学内容和学时以及教授时间、实践时间等方面做灵活的安排和调整。《成衣设计教程》实施的总学时建议设定为54学时至72学时（2～4学分），同时还要强调学生在课后做大量的练习。这门课程不是一朝一夕可以学好的，需要持之以恒。

第 **1** 教学单元

成衣设计的理论基础

1 一、成衣设计的 基础理论

（一）概念与现状

我们要了解什么是成衣设计，首先要了解什么是成衣：成衣是按号型批量生产的服装。换句话说，只要是成衣就一定是用机器批量生产的、按照国家标准的号型来制作的。这些号型主要包括大号、中号、小号、加大号和加小号等，每种号型对应一种三围尺寸的身材，人们在购买时可以选择和自己尺码接近的号型。

成衣一般要求工艺上能够流水生产，版型能够适合大众身材，款式符合当下潮流，成本和利润比例适中，符合这几个条件才能得到更多消费者的认可。

成衣的风格、面料、款式、色彩以及价位的变化丰富，不同层次的受众均能够选择到符合自己要求的成衣。目前商场里面售卖的服装均是成衣，成衣由于其直观、快速、简单易得、价格合理而成为大众的首要选择。现在市面上成衣品牌琳琅满目，如大家熟知的以纯(Yishion)、飒拉(ZARA)、阿玛尼（Armani）等，均是成衣品牌。这些品牌都有自己的成衣定位以及忠实的顾客群，它们通过培养忠实的顾客而保障品牌的利润。

成衣设计就是按照标准号型开发适合服装企业并且能够批量生产的服装。成衣设计时需要考虑诸多市场因素以及设计元素。市场因素主要是消费者的心理，如消费者的需求、消费者对成衣的认可度等，都是我们成衣设计里面需充分考虑到的。而设计元素主要是成衣设计环节所要着重考虑的，这些元素组合成了我们的成衣，主要是廓形元素、结构元素、面料元素、色彩元素、装饰元素，这在我们接下来的章节里面会详细地介绍。

（二）分类与特点

众所周知，服装分为高级时装、创意服装和功能性服装、成衣、时装五个大的部分。

其中高级时装这种以高级定制的形式出现的服装，离我们的生活较远。高级定制是以立体裁剪、手工缝制、单件定制的形式出现，一套普通服装至少需要几百个小时才能完成，服装的材料和工艺是不计成本，以美为原则。有的时候为了一颗需要的纽扣，可以专门开模定制。高级定制时装售价因此也变得高昂，普通套装一般需要1.5万美元，晚装15万美元，礼服或者婚纱稍贵，工艺复杂或者材质更为精巧珍贵的则更贵，售价在几十万至几百万美元。不过这类服装的受众较少，全球只有近500人在持续购买。其中亚洲主要集中在日本。

创意服装主要是以服装为媒介的创意表达，这个主要存在于博物馆、展览馆以及为特殊展示而设计，很少有人穿着；功能性服装则主要是具有很强功能性的、特殊场合穿着的服装，如消防员穿的隔热阻燃服装、宇航员穿的宇航服等。剩下的成衣和时装这两部分的服装形式则是我们要重点讨论的内容。

通常情况下，大家愿意把成衣从类型上分为高级成衣和普通成衣两大类；从形态上分为大衣、夹克、衬衫、连衣裙、短裙、裤子、内衣等几大类，这两种分类方式都是大家比较容易接受的，约定俗成的。这里的高级成衣就是我们刚才提到的时装，普通成衣就是我们刚才提到的成衣。

高级成衣和普通成衣都是成衣，它们是否一样？有没有区别？下面我们就来了解高级成衣和普通成衣的区别。

时装，即高级成衣（RTW，ready to wear），在做工、版型、包装、服务等各个方面都比普通成衣要求更严格。这种服装形式多半在高档的商场里面售卖，做工精细、版型考究、价格不菲。高级成衣继承了高级定制的创意和设计，同时也结合了成衣的流水生产和批量生产，是高级定制和批量成衣的联姻，因此高级成衣可以说是普通成衣和高级定制的折衷款。

图1-1～图1-4均为高级成衣的发布图，通过这些高级成衣图片，我们来揣摩下高级成衣的特点。

高级成衣款式新颖，紧跟潮

流，又能批量生产。高级成衣有大中小号，价格相对高级定制来说便宜很多。精致、考究的面料和工艺，价格上处于高级定制和普通成衣之间，从几百到上万元人民币不等。在商场中售卖的路易威登（LV）、古奇（Gucci）、迪奥（Dior）、香奈儿（Chanel）等均属于高级成衣之列，当然这些品牌也有高级定制服装，只是高级定制服装不会在商场明码实价售卖，而是按定制者的身材和爱好量身定制，价格也从几万元到上百万人民币不等。

高级成衣延续了高级定制的精美的优点，紧跟潮流，不用如高级定制一样等待几周，也不用数次试身、数次修改。如同高级定制的速食款，时间和价格方面为许多追求品质的消费者所接受，许多高级时装的消费者很多时候也倾向于选择高级成衣。

普通成衣就是指我们平时在普通市场、普通商场里面买的成衣，这种服装售价大都在几十到上千元人民币，这是大部分工薪阶层的首选。这种服装做工、版型、价格都变化多样，让不同消费观念、不同欣赏层次的人均能找到适合自己的服装。

普通成衣，也是批量生产的服装，只是这种服装不追随潮流，是流行过后的固定款式。比如现在的西装、夹克、衬衫、马甲等服装，在数十年前，他们就是当时的潮流款，只不过经过时间的推移，它们逐渐的普及，被大众所接受为常规款，现在大家只是在基本款的基础上适当的加入流行元素，从细节上进行调剂，使其更符合潮流，但很少在廓形上进行大的改动。

普通成衣是现在绝大多数消费者所选择的类型，这种服装的品质相对高级成衣差，价格上相对便宜，从几十到上千元人民币不等，消费者的选择面较大。

成衣按照服装的形态可分为大

▲图1-1 Peter Pilotto 2013年春夏发布　▲图1-3 Preen 2013年春高级成衣

▲图1-2 Tibi 2013年春夏发布

▲图1-4 Louis Vuitton 2013年春夏成衣

衣、夹克、衬衫、连衣裙、短裙、裤子、内衣等几种形态。

大衣：主要指寒冷时御寒用的外套的一种，多半采用厚型面料制作，如毛料、呢料等，皮革与裘皮也时常运用。大衣以长款为主，衣身可松可紧，造型变化丰富。（图1-5）

夹克：英语jacket的音译。袖口和下摆均束紧，身长到腰的短外套统称夹克。

衬衫：由于其干练的形象而被作为制服的固定款出现，备受商务人士追捧。衬衫面料多半采用棉质地为主，有时也采用丝。款式主要在细节上做变化，如口袋、领型等。（图1-6）

▲ 图1-5 宽松款的呢料男士大衣

▲ 图1-6 在面料上做拼接处理，在领型上做变化的女士衬衫款式

成衣是大众普遍消费的产品，是能够机械化生产，并能够依据号型批量生产的。成本和价格相对高级时装来说更低，但做工相对不考究，是价格低廉的大众化服装。成衣产品有什么特点呢？需要满足什么条件才能称为成衣呢？

通常情况下我们说同时满足以下五个条件的服装我们都称为成衣：能够机械化生产、有大众化样式、有标准化的产品、有合理化价格、有市场化的经营理念。

能够机械化生产。即成衣大部分均运用现代化的生产设备生产。我们目前普遍使用的机器有电动平缝机、锁边机、包边机、工业熨斗等，这些工具的使用，使服装的制作周期变短，既提高了效率，又降低了成本，能使更多的受众受益。

连衣裙：指上衣同裙子连体式的服装。连衣裙选择的面料多半选择轻薄的，在结构与装饰手法上非常丰富。（图1-7）

短裙：是单独穿着在下半身的服装。面料款式均变化丰富，款式可长可短，可大可小；面料可以是棉、麻、毛、丝和化纤等。（图1-8）

裤子：这种款式方便活动，是人们热爱的固定款。裤子的设计也相对丰富，可以在拼缝、装饰线等方面做发挥。裤子的料型变化多样。（图1-9）

内衣：胸罩、束腹、内裤等都属内衣形式，这种服装形式主要以吸汗为主，兼具功能性，如内裤的提臀效果等等。

有大众化样式。因为成衣的受众年龄层次丰富，品位高低差别很大，为了迎合如此宽泛的消费群，只有大众化的样式才能获得广大消费者的青睐，才能符合大众的审美心理、品位和眼光。

有标准化的产品。即每款服装都有国家标准化的尺码号型，比如每个款都有大、中、小号，甚至加

▲ 图1-7 连衣裙

▲ 图1-8 短裙，长度及膝，面料为棉加化纤

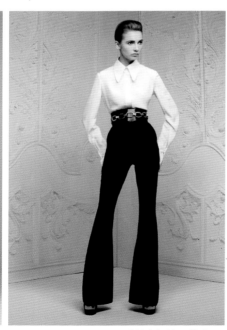

▲ 图1-9 围绕人体结构设计的常规裤子款式

大、加小号。每个款的大、中、小号和加大、加小号都要有相对固定的尺寸，不能每个款的号型做出来大小不一样。同样的标准使人对该品牌的成衣服装具有信任感和认同感，也方便了生产者和购买者。

有合理化价格。合理化的价格就是大众可以接受的价格范围，利润和成本的比例要适中。

有市场化的经营理念。成衣产品是以市场为导向的服装形式，是商品，所以成衣还要具有市场化的经营理念，其生产与经营，必须做到了解消费者、市场的现状和规律。

（三）流行与演变

现在大家经常谈论的问题就是今年流行什么样的服装，这里所说的流行就是流行款、流行色、流行面料的合集。流行的服装样式大家都愿意购买，许多商家为了摸准流行的脉搏，不惜花大价钱购买流行咨讯，为的就是使自己本季的服装能够好卖，不至于生产出来的商品压在库房。

成衣的流行就是某款成衣一面世就能迅速传播、风行一时。如20世纪50年代的"新面貌"服装，这种服装是一种X形的具有女性特色的服装，由于其款式符合战后人们的心理需求，所以一面世就能受到大众的追捧，大家都为拥有一件"新面貌"服装而骄傲。

流行是由于模仿产生，大家觉得某个服装样式好看，然后产生趋同的需求，趋同的需求即是从众，从众心理发展即形成流行。成衣的流行离不开趋同心理的作用。

每年都有当年的流行款，流行款的样式易于为人们所接受，并且可以刺激销量。成衣的流行元素主要包括色彩、纹样、造型、款式、材质、工艺、装饰手段、着装方式和着装条件等，所以产生了流行色、流行款、流行面料及流行配件等。这些流行的元素每年都会有或多或少的变化，各种元素相互组合汇集成当年的流行方向。

品牌则需要根据品牌风格来选择流行元素以及运用的度的把握，运用符合潮流的色彩、面料、造型来设计出消费者喜爱的产品。成衣受服装流行的影响，尤其是高级成衣，与流行息息相关。

流行变化丰富，如何才能捕捉到它的流行动向呢？一般情况下我们可以从以下一些专业领域获得信息。首先，法国高级时装工会发布的潮流信息是比较专业比较快速的，法国高级时装工会主要有高级时装协会、高级成衣协会和高级男装协会，这些协会旗下均有各个服装品牌的人员作为会员，所以说咨询是快速的。这些协会每年都有许多的讲座、发布会和培训，通过协会直接获得的信息是比较全面的。

在中国，中国服装设计师协会、中国版型师协会发布的相关服装款式和服装版型的信息都具有很好的指导作用。同样的，各省市的服装设计师协会也会进行流行色、流行款、流行面料的讲座或者是培训，我们可以通过这个方式获得潮流信息。

除此之外，我们还可以从时尚媒体、国内外部分重要专业报刊、国内外纺织服装分类网站等获取信息。

成衣流行每年都会做承上启下的变化，下一季的流行和这一季的流行似乎有关联但是又有变化，这才能不断吸引人们的眼球，符合人们求新求异的心理，以免产生审美疲劳。这就是成衣流行的演变。

成衣的流行变化具有多元性、渐变性和周期性的特点。多元性即指包括色彩、纹样、造型、款式、材质、工艺、装饰手段、着装方式和着装条件等的多元要素。流行的元素多种多样，往往多种元素穿插变化，各种元素的搭配变化，创造出丰富的流行。

渐变性是指服装往往先从小众人群的个别接受，到慢慢的部分受众接受形成流行，达到顶峰，然后再逐渐消退，再是一定时间延续到最后消失。

周期性是指流行都具有一个周期的更迭，一般都是从流行的产生阶段，流行的发展阶段，流行的盛行阶段，最后到流行的消退阶段。有的服装款式可能今年流行了，明年消失了，但谁也不敢保证在若干年后这个款式是否还会再流行。可能下次出现时，这个款的面料和色彩或者是细节上已经做了相应的变化。

流行是"FAD"，来得快，去得快。流行的这个特点提醒我们在做成衣设计时一定要摸清流行趋势，这样才能增加销量，减少库存。

1

二、现代成衣设计的原则

（一）成衣的造型原则

成衣设计首先要解决的问题就是造型问题，成衣的造型的好坏很大程度上决定了消费者的喜爱程度。成衣造型就是用面料按大众审美要求塑造的廓形，成衣的造型包括整体造型和局部造型。整体造型就是外轮廓廓形的塑造，局部造型就是某些局部的塑造，如领、袖、口袋、裤腿、裙摆、褶裥、门襟等部位的塑造。只有整体造型和局部造型得到和谐的统一，成衣才能得到消费者的认可。

那如何进行外轮廓造型，外轮廓造型要遵循哪些原则？一般情况下我们说，成衣外轮廓造型主要遵循简洁原则。

图1-10   图1-11

▲ 图1-10、图1-11 维果罗夫（Viktor and Rolf）和亚历山大·麦克昆(Alexander Mcqueen)高级定制的发布秀

图1-12

图1-13

图1-14

▲ 图1-12~图1-14 成衣的简洁外轮廓

图1-15

图1-16

众所周知，高级定制是为了好看，往往采用求新求异的轮廓来吸引受众。图1-10、图1-11分别用异形和圆形等不常见的廓形来达到视觉的冲击，他们的目的是为了让人们在脑海里对这个品牌产生充分的印象，从而记住这个品牌；而成衣的目的并不是为了单单的使人记住这个品牌，而是为了寻求销量，所以成衣的造型也相应地有所变化。因为成衣是为了吸引兴趣爱好各异的消费者，使更多的人肯定其产品，而这些消费者往往有各自不同的爱好，故而成衣的设计要寻求简洁的外轮廓，以便更多的人能够适宜穿着，能适应更多的场合穿着，从而获得更多的受众。（图1-12~图1-14）

那么内部结构造型要符合什么样的原则呢？一般来说，内部结构造型要符合与风格特色结合的原则。

内部结构造型是为了烘托风格特色，风格又为内部结构的分割铺垫了大的基调，内部结构和风格是相互依托的。如图1-15，运动感的服装内部就要有运动感的结构，如流线型的色块穿插、配搭鲜艳的颜色，从而使运动感更加强烈。而图1-16，这个是日本设计师川久保玲(Comme des Garcons)的设计作品，服装的

内部结构另类，这和其服装风格是完全吻合的。图1-17，这款服装是较正式的服装，所以其分割线多半采用直线型的分割。

成衣的外轮廓造型上主要遵循简洁原则，内部结构造型主要符合与风格特色结合的原则，那么成衣的造型方法是什么，我们主要通过哪些方法达到我们的外轮廓造型简洁原则和内部结构造型与风格特色结合的原则呢？

一般情况下，成衣的造型方法在不考虑面料、色彩等设计要素的情况下，单纯从造型角度进行设计，主要有以下十种造型方法：

象形法：象形法是模仿物象的形，运用在服装设计里面的设计方式。这种物象可以是花草树木等一切事物，但是我们往往对这些物象进行概括提炼再运用，很少完全照搬。我们通常是利用物象的形来表达我们的思想，不是简单的模仿，而是巧妙地利用。如图1-18亚历山大·麦克昆(Alexander Mcqueen)的发布图片，就是模仿花的形状而设计，但这个作品并没有将某种花的形状等做完全的复制，而是提取花的特点运用在成衣里面。图1-19的造型则是模仿花瓶的廓形，也是将花瓶做了抽象并模仿。

图1-17

图1-18

图1-19

▲ 图1-15~图1-17 服装内部结构

▲ 图1-18、图1-19 象形法的运用

并置法：并置法是指将某个服装元素进行有规律的排列在服装上，寻求某种美感。这些元素可以是某种形或某种装饰元素等。这些元素进行排列的方式不同，得到的效果也不同，但这些形不能重叠。图1-20、图1-21都是将一种元素——方块造型或下摆波浪并列放置在服装上，造型元素没有重叠，这样的造型方式使服装有层次感。

分离法：分离法是指将某种完整的结构进行切割并拉开距离，这种分离的效果，即产生的新的造型。分离是现代服装设计常用的一种手法，尤其是后现代主义观念影响下的服装设计，应用得更为广泛，分离是为了打破完整，使服装更具有层次感、空间感。图1-22是通过面料的色彩来达到分离的效果，图1-23和图1-24是通过真正意义上的将面料拉开距离来塑造分割支离的效果。

叠加法：叠加法是我们常用的方法之一，服装通过叠加得到新的造型。面料与形的叠加可以产生更多的层次感、韵律感和空间感。叠加后的基本造型会改变单一造型的原有特征。这和并置法不同，并置法是通过不重叠的排列来得到新的形，而叠加法就是通过重叠来得到新的形。

叠加法能产生两种造型效果：投影效果和透叠效果。投影效果在厚重面料的设计中效果较为明显，通过多个形的厚重面料的叠加，使人只能看到面积最大的面料造型的轮廓（图1-25～图1-28）。透叠效果则是保留叠加所形成的内外轮廓，层次丰富，这种方法多半运用在纱、丝等薄型面料的服装里面。服装通过透叠，产生丰富的视觉效果。我们成衣里面许多夏天的服装就是采用这种方式得到丰富的层次效果。

图1-20　　　　　　　　　　图1-21

▲ 图1-20、图1-21 并置法的运用

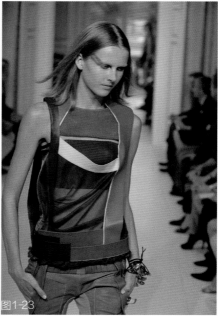

图1-22　　　　图1-23　　　　图1-24

▲ 图1-22~图1-24 分离法的运用

图1-25

图1-26

旋转法：旋转法是指在成衣设计中将成衣的某个基本造型按照参照作规律旋转获得的新造型。由于旋转角度的关系，旋转以后的某些部分会出现类似叠加的效果。旋转可以分为定点旋转和移点旋转两种。定点旋转即以某一固定圆心作多次旋转。移点旋转是将圆心在基本造型边缘移动作多次旋转。图1-29、图1-30均是定点旋转的运用，都是将点定在腰的中部，做旋转运动得到的造型。

镂空法：镂空法是通过对面料进行抠洞、打孔、抽纱等处理，是对面料本身的改造和破坏而获得的造型，这种手法对服装内轮廓造型有一定的影响，多半运用在女性服装里面。如图1-31~图1-33均是镂空法的运用，这样的处理方式使服装更具有层次感，更妩媚。

悬挂法：悬挂法是指在一个基本造型的表面附着其他造型。其特征是被悬挂物游离于或基本游离于基本造型之上，仅用必不可少的牵引材料相联系。这种悬挂法的运用往往可以增添服装的洒脱感。

图1-27

图1-28

▲ 图1-25~图1-28 投影效果在服装中的运用

图1-29

图1-30

▲ 图1-29、图1-30 旋转法的运用

图1-31   图1-32   图1-33

▲ 图1-31~图1-33 镂空法的运用

肌理法：肌理法是我们在服装设计里面经常运用到的一种面料再造方式，通过熨烫、手工抽褶、辑缝、抽褶、雕绣、镂空、植加其他材料装饰等方法，得到具有丰富表面肌理效果的面料。服装肌理表现形式多种多样，表现风格各具特色，通过增添服装表面肌理效果，可增加服装的审美情趣。图1-34~

图1-36均是在服装表面做肌理效果而使服装具有空间层次的表现方式，都是通过叠加的方式达到这个效果的。

变向法：变向法是指改变某一造型的常规位置而获得新的造型。如上装与下装的反对、内衣与外衣的反对、里子与面料的反对、男式与女式的反对、左边与右边的反

对、高档与低档的反对、前面与后面的反对等等。使用反对法不能机械照搬，要灵活机动，对被反对后的造型进行适当修正，令其符合反对的原来意图。图1-37就是将服装的缝头外置，增添粗犷的感觉。图1-38将皮革反常规的运用在礼服里面，也是一种变向。

图1-34   图1-35   图1-36

▲ 图1-34~图1-36 肌理法的运用

移位法：移位法是指对服装的某个造型单元做位置的变化得到新的造型。通过独具慧眼的移位，可以在短时间内获得新颖的效果。图1-39将常规服装的肩部结构重复的运用在上身和腰部，达到解构的效果；图1-40将常规服装的衣领与裙摆做了位移，达到前卫的感觉。

（二）美的形式感原则

成衣的设计要遵循美的形式感原则，这也是所有设计要遵循的原则。主要有以下四个原则：统一、协调、平衡、旋律。

成衣的设计首先要遵循统一的原则。统一指的是整体的一致性。服装的统一原则就是将"形"的诸要素、"色"的诸要素、"材质"的诸要素进行选择整理，并将各要素聚集成一体。图1-41~图1-43均是寻求的是色彩和材质以及形的相互配合达到统一。

成衣的设计还要遵循协调的原则，统一的直接结果就是协调。协调可以是服装各个元素之间的协调关系，也可以是整体与局部之间的协调关系，主要是指一种相互关系。统一则是指整体的统一，而不是着重在相互关系的探讨。

▲ 图1-37、图1-38 变向法的运用

▲ 图1-39、图1-40 移位法的运用

▲ 图1-41 道格拉斯·汉娜特（Douglas Hannan）2013年春夏发布

▲图1-42 朗雯（Lanvin）2013年春夏发布

▲ 图1-43 普林格（Pringle of Scotland）2013年春夏发布

协调落实在服装上，就是色彩、面料和款式间的协调关系；细节与整体的协调关系；结构的大与小的协调关系；色彩间的搭配，材料的质感与质感的协调关系，风格与风格间的协调关系；结构线与结构线之间的协调关系等。图1-44的设计在色彩上寻求渐变，以达到色彩上的协调。面料虽然有从西装面料到皮草的跨度，但是通过合理搭配寻求到了协调的效果。图1-45的设计虽然色彩上囊括了粉、灰、黄，但是相近的纯度使它们能够协调。

通常情况下，协调还细分为六种：类似协调、对比协调、形状的协调、大小的协调、格调的协调、不协调的协调，这里我们不一一赘述。

成衣的设计要遵循平衡的原则，即遵循一种视觉的均衡和对称。在成衣设计中，主要是指服装材质、色彩、结构的相互搭配所营造出来的安定感。我们主要通过各种元素分量的轻重、面积的大小之间的配合达到一种平衡感。服装设计中的所有元素之间，我们必须使其在感觉上获得平衡，才能取得设

图1-44　图1-45

▲ 图1-44、图1-45 色彩搭配和材质的协调在服装上的运用

计的统一效果。所以它是色彩搭配比例、面积及体积比例等的重要原则。图1-46、图1-47均是通过色彩面积的大小变化来寻求一种视觉平衡。

成衣的设计还要寻求旋律感，也就是寻求律动和节奏感。在成衣设计里面，主要就是指面料、色

彩、款式等诸多元素之间的一种规律变化。通过节奏的变化，达到旋律的产生。我们可以把旋律理解成运动感，我们也可以利用服装元素的组合的旋律感来寻求运动效果。图1-48这款服装即是通过图案色彩的搭配来寻求旋律感和运动感的产生。

图1-46　图1-47

▲ 图1-46、图1-47 平衡在服装上的运用　　　　　　　　　▲ 图1-48 卡沃利(Just Cavalli)2013年春夏发布

（三）心理学原则

成衣设计时我们还要遵循心理学原则。心理学原则即是成衣的设计心理、着装心理、评判心理这三个层面的服饰心理活动。

设计心理即是成衣设计阶段产生的一系列设计活动。因为成衣的三要素是色彩、款式和面料，设计师在进行设计时需要从这三个方面进行综合考虑，从而符合受众的着装心理。这一系列的思考过程即是设计心理的活动轨迹。

受众在进行衣服的挑选时通常会这样考虑，这个色彩是否符合我的肤色和品位，是否是流行色；这个面料是否是当季流行面料，成分是什么；这个款式是否是流行款，是否可以规避自身的身体缺陷等一系列的心理活动，这就是着装心理。一般受众在选择成衣时，对自己所需求的服装已经有了心理预期，一旦心理预期达到，那么，受众就很容易选择这款服装。

评判心理即是受众对成衣的看法，可以是认同也可以是否定，这个评判心理直接决定了消费者是否购买该成衣。

（四）实用与艺术结合原则

成衣的产生是为了"用"，要达到被用，那就得有用。成衣和舞台服装不同，舞台服装仅仅是为了好看为目的，而成衣的目的就是要实用。但是仅仅有用、实用也不行，还要有人乐意用。怎样才能有人乐意用呢，成衣要有美感，即艺术感，才会有人愿意用，所以我们在做成衣设计时一定要遵循有用加美的原则，即实用与艺术结合的原则。

我们在进行设计的时候，要达到实用的目的，要考虑很多因素，如季节、流行动向、区域需求与偏好差异等。季节指是春夏还是秋冬的服装，当地的夏季是否很热，冬季是否很冷，是否需要特别凉爽或者非常保暖的服装；流行动向是指当季的色彩、款式以及面料的流行动向，找准流行可以让服装更有市场认可度，使其快速销售；区域需求与偏好差异是指在大的流行动向下，各国各地因为风俗、人文、政治、经济等大环境需求的不同，人们的爱好也会有偏差。如有的民族喜欢穿白色宽松的服装，而有的民族可能喜欢穿红色紧身服装等。如果设计师在做成衣时将这些因素充分的考虑了，那么才会受到受众的肯定，才能将设计艺术实用化。在细节上运用另类结构和流行纹样达到艺术感，结合服装成衣的廓形，充分考虑了实用与艺术的结合，可以为大众接受，同时让人们的求新求异的心理得到满足。（图1-49、图1-50）

▲ 图1-49 实用与艺术结合的成衣设计效果图（设计师：张凯）

▲ 图1-50 实用与艺术结合的成衣设计实物（设计师：张凯）

三、单元教学导引

目标

本教学单元从成衣设计的理论基础出发，首先从成衣的概念与现状、分类与特点、流行与演变三个方面对成衣进行分析，使读者从根本上了解什么是成衣设计；其次从现代成衣设计的原则方面进行分析——成衣的造型原则、美的形式感原则、心理学原则、实用与艺术结合原则，使读者更深入的了解成衣设计的原则，这些概念和原则有利于读者在真正意义上了解成衣设计。

要求

本教学单元从成衣设计的概念和成衣设计的原则出发，要求同学们从本质上对成衣设计有个精确的认识。同时区别高级定制、高级成衣以及普通成衣的不同。

重点

本教学单元的重点在现代成衣设计的原则部分，这是进行成衣设计必然遵循的法则，这需要同学们掌握。

注意事项提示

在进行成衣设计的时候一定要从现代成衣设计的几项原则出发，才能设计出既美观又实穿的服装。

小结要点

我们大众消费得最多的是成衣，离我们消费者最近的也是成衣。成衣设计的好坏不仅是靠媒体评论，同时也靠广大消费者。成衣设计时涉及诸多方面因素，遵循诸多原则，这是成衣设计的特点。

为学生提供的思考题：

1. 成衣的造型原则是什么？
2. 成衣美的形式感原则是什么？
3. 成衣心理学原则是什么？
4. 成衣实用与艺术结合原则是什么？

学生课余时间的练习题：

1. 请列举出3个成衣品牌，并且了解其品牌风格和定位。
2. 请列举出3个成衣品牌的设计师。

为学生提供的本教学单元的参考书目及网站：

《设计中国·成衣篇》服装图书策划组 编 中国纺织出版社

《时装设计》（英）琼斯 著 张翎译 中国纺织出版社
中国服装网：http://www.efu.com.cn/fashion/
国际时尚网站：http://www.style.com

作业命题：

请简要分析成衣如何才能符合大众的审美及心理,从哪几个方面着手进行考虑。

作业命题的缘由：

成衣设计主要是为大众消费者服务的，消费者的心理需求是我们要考虑的重点所在。

命题作业的实施方式：

通过问卷调查或者定点采访的形式来收集大众消费者的心理需求，将这些资料进行汇总分析，得出结论。

作业规范与制作要求：

1. 要求文字清晰、分析清楚；
2. 将大众对成衣的心理需求进行深入的剖析。

第 **2** 教学单元

成衣设计的基本元素

服装是一门综合性的艺术，体现了材质、款式、色彩、结构和制作工艺等多方面的整体美。从设计的角度讲，款式、色彩、面料是成衣设计过程中必须考虑的三项重要因素，也称为成衣设计的三大要素。成衣设计内容主要包括服装的廓形元素、结构元素、面料元素、色彩元素、装饰元素五个方面的元素设计。下面我们就来分析这些基本元素，在成衣设计里面究竟扮演什么样的角色。

2 一、廓形元素

成衣廓形是指忽略服装的内部元素的情况下，服装的外部造型剪影，是区别和描述成衣的重要特征。成衣的廓形主要决定因素是各关键部位的尺寸变化，如肩部、胸部、腰部、臀部和下摆等。肩部变化是指平肩、溜肩还是耸肩；腰部是收腰还是宽松的腰线；下摆是对称下摆还是不对称下摆等等。将这些关键部位的尺寸进行随意组合，可以组合出非常多的廓形，这为我们成衣设计的廓形增添了许多的惊喜。

通过关键部位的尺寸变化，塑造出来的成衣廓形千差万别，我们通常有以下三种分类方式：字母形、几何形和流行性特征形。下面我们来逐个的分析。

字母形即是以英文字母命名服装廓形的方法，是由迪奥首先提出的。最基本的有五种，即H形、X形、A形、T形、O形。几乎所有的服装都可以用字母形态来描述。按照字母型分类，既简要又直观。每年的流行在外轮廓线上都会有变化，主要表现在阶段性流行的某种廓形：比如20世纪40年代的A形，50年代的X形等。

H形也称直身形、矩形、箱形或布袋形。其造型特点是平肩、不收紧腰部、筒形下摆，形似大写英文字母H而得名（图2-1~图2-3）。H形服装具庄重朴实的特点。多用于运动装、休闲装、居家服以及男装等的设计。H形在20世纪60年代风靡一时，80年代再度流行。

X形也叫束腰形。X形的服装宽肩、收腰、大摆，轮廓的起伏明显，既活泼又沉稳。X形线条是女性化的线条，其造型特点是顺应人体曲线的。（图2-4、图2-5）

图2-1

图2-2

图2-3

▲ 图2-1~图2-3 H形服装

图2-4

图2-5

图2-4~图2-5 X形服装

X形作为基本形，常见的变形是自然适体形和沙漏形。其中自然适体形是指肩部和臀部都不夸张，腰部合身但不贴体，线条自然舒适，适合于正常身材的人穿着。沙漏形是夸张肩部，收紧腰部，下装比较贴体，能充分展现人体美的廓形，具有简洁、秀气的风格，适合于体形较理想的女性穿着。现代旗袍、芭蕾装都属此类。

A形造型也称为梯形、正三角形，如披风、喇叭裤、大摆裙等，外形上窄下宽，即上身比较合体而下身较宽松膨大（图2-6~图2-8）。A形服装具有活泼、可爱、造型生动、流动感强并富于活力的特点，是服装中常用的造型样式，女童装和成年女装中最常用。A形也常用于男装，具有洒脱、干脆的感觉；用在女装上，具有稳重、端庄的感觉。在现代设计中，A形造型被广泛运用于礼服设计与演出服装中。

T形，外形线类似倒梯形或倒三角形，其造型特点是肩部夸张、下摆内收形成上宽下窄的造型效果。T形廓形具有大方、洒脱、较男性化的性格特点。用于男装，能显示出男子的健壮、威武、豪迈、干练的气质，如男西服的廓形；用于女装，可以表现出女性着装者的大方、精干、健康的风度。现代流行的肩部宽大、腰身平直的T恤衫也是T形的代表，具有宽松随意的特点。（图2-9、图2-10）

O形也称气球形，外形线呈椭圆形，其造型特点是肩部、腰部以及下摆处没有明显的棱角，特别是腰部线条松弛，不收腰，整个外形比较饱满、圆润，形似气球或灯笼（图2-11、图2-12）。O形造型具有休闲、舒适、随意的风格特点，多用于休闲装、运动装以及居家服的设计中。

图2-6

图2-7

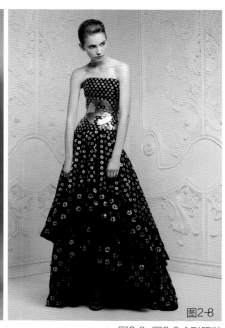

图2-8

▲ 图2-6~图2-8 A形服装

图2-9

图2-10

▲ 图2-9、图2-10 T形服装

图2-11

图2-12

▲ 图2-11、图2-12 O形服装

在成衣的廓形上看，除了概括成字母形，还可以概括成几何形。几何形主要指长方形、正方形、圆形、椭圆形、梯形、三角形和球形等。当我们把成衣的廓形看成完全是直线和曲线的组合时，任何服装的廓形都是单个几何体或多个几何体的排列组合。其实几何形和字母形的成衣廓形很相似，甚至可以对应：长方形及正方形对应H形、重叠梯形对应X形、三角形和梯形对应A形或T形、圆形及椭圆形对应O形等。

在成衣的廓形上看，除了概括成字母形、几何形外，还可以按照其流行特征概括为紧身形、直身形、宽松形、综合形等。

紧身形廓形是服装顺应人体曲线形成的轮廓，其特点是服装贴近人体，外形紧随人体三围尺寸变化，几乎和整个身体贴合。（图2-13~图2-15）

图2-13

图2-14

图2-15

▲ 图2-13~图2-15 紧身形的服装样式

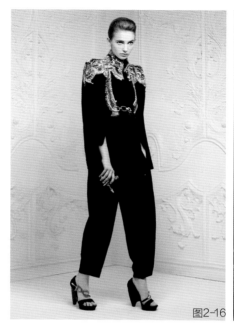

▲ 图2-16~图2-18 直身形的服装样式

　　直身形廓形从外形看，和字母形的H形和几何形的长方形类似，感觉稳重安定、四平八稳。（图2-16~图2-18）

　　宽松形服装廓形从外形看，廓形的特点是宽大松散，具有肩宽、胸宽、腰肥、摆大、袖肥等特点，宽松形服装具有中性、休闲、放松的感觉。（图2-19、图2-20）

　　综合形服装廓形是指一件服装综合了紧身形、直身形、宽松形等服装外形的元素和特点。图2-21和图2-22，这两种服装很难概括成直身形、宽松形还是紧身形，因为它们综合了这三种廓形的特点，是一个综合体。

　　服装的廓形变化多端，这成为服装有趣的理由之一。廓形成为色彩和面料的依附所在，扮演着重要的角色。那么除了我们刚才讨论的服装各个关键部位的尺寸可以影响成衣服装廓形外，还有没有其他元素可以影响服装的廓形呢？一般地说，我们认为色彩、面料、工艺手法和服装风格可以在视觉上影响我们对廓形的感受。

▲ 图2-19、图2-20 宽松形的服装样式

▲ 图2-21、图2-22 综合形的服装样式

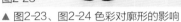
▲ 图2-23、图2-24 色彩对廓形的影响

色彩对服装廓形的影响，主要是利用色彩给人的视觉错觉，使人产生视幻效果，从而达到设计的目的。如通过颜色的收缩感，使腰看起来更细或者使人看起来更瘦；通过利用色彩的冷暖感使人看起来气色更好。这些效果都是色彩对廓形的干预作用。图2-23是通过色彩对视觉的错觉感，使人感觉该模特的腰身部分很细，臀部部分有膨大感。图2-24通过图案的面料使人们不太注意到服装的廓形，而被服装的色彩所吸引。

服装的廓形很大程度上也会受面料的影响。面料的手感、肌理效果、悬垂度、挺括度等对服装的廓形的塑造非常重要。不同的材料有不同的物理特性，其物理特性对廓形形态设计有举足轻重的作用。材料的硬、挺、垂、厚、薄以及不同的光泽等，决定着服装的基本特色。充分发挥材料的特性与可塑性，可以通过面料材质创造特殊的形式质感和细节局部。使服装阐释出服装的个性精神和最本质的美。不同的风格面料会塑造出不同的廓形，有的廓形生硬，有的廓形柔软，有的廓形有体积，有的廓形很平面（图2-25~图2-28）。挺括面料塑造硬朗、大气轮廓（图2-29）；柔软面料塑造婉约、柔顺轮廓（图2-30）。我们在进行成衣的设计时要充分考虑面料的作用，从而为我们的成衣服务。

工艺手法对服装廓形的影响也会很大，工艺手法主要是指服装的加工工艺，同样的面料，不同的工艺可以塑造不同的效果。如图2-31，该服装的腰部用金色水钻和蕾丝做装饰，将人的视觉效果分成了两个部分，使人感觉腿部修长。而图2-32用水钻和流苏将视觉同样分为两个部分，增添可爱感。

▲ 图2-25~图2-28 面料对廓形的影响

除了色彩、面料和工艺手法对服装的廓形可以起到影响作用外，服装风格、人体体型、流行因素和服装的虚实处理等对廓形也有一定的影响。

服装风格对服装廓形的影响主要表现在服装风格决定廓形，因为不同风格对应不同的廓形，如简洁干练的廓形适合用于都市风格；繁复的廓形适用于奢华、复古的风格等。我们都是以风格为前提选择服装廓形的。

人体体型也会影响廓形，如体型的高矮胖瘦、凹凸起伏是廓形设计的重要参数，按照他们的尺寸大小组合的服装往往会形成不同的廓形。

流行因素也会对廓形产生影响，因为设计师在设计廓形时，一定要结合当前流行，才能设计出好的服装作品，当年的流行元素的使用会在一定程度上影响廓形。

服装的虚实对廓形形态设计也有影响，因为服装的虚实可形成层次、韵律和强弱，而且还可造成现实与幻想、坚固与松弛、阳刚与阴柔、明快与朦胧的对比，给人带来不同的心理效应。虚实是服装设计中经常用来表现服装形态表情的手法，它带给人视觉上和感觉上的层次和变化感，对服装的风格影响较为明显。

图2-29

图2-30

图2-31

图2-32

▲ 图2-29~图2-32 工艺对廓形的影响

2 二、结构元素

服装的整体廓形通常都被缝纫线、细节、服装边缘等分割解构为较小的一些区域，形成一小块一小块的部分。我们通过缝纫这些小块的部分，从而使不同的面料结合在一起，使面料符合人体的起伏特征，同时增添整体廓形的趣味。这些不同形状的裁片的组合，我们通常情况下叫它们结构。结构元素主要是内部结构线的组合来塑造上衣结构、裙和裤的结构。

（一）上衣结构

上衣结构主要通过省道、破刀线来塑造，在成衣设计时也是通过省道和破刀线来塑造多种结构。其中省道变化多样——侧缝省、低侧缝省、袖窿省、领省、中心省、腰省等，我们可以根据我们的设计需求而运用相应的省道。我们很少单单只用某一种省来塑造服装样式，往往我们会用多种省道同时塑造服装款式。（图2-33~图2-36）

▲ 图2-33 领省的运用　　　　▲ 图2-34 中心省的运用

图2-35　　　　图2-36

▲ 图2-35、图2-36 腰省的运用

图2-37　　　　图2-38

▲ 图2-37、图2-38 装袖的运用

除了通过省道、破刀线来塑造上衣结构，还可以通过袖和领的结构变化来塑造上衣结构。通过各式袖和领的搭配，结合面料质感、色彩和细节的塑造，搭配出各种风格的上衣样式。下面我们来分析袖子是如何塑造上衣结构的。袖子分为袖山、袖身、袖口三个部分，我们分别从这三个方面来分析。

袖山主要指袖山弧线的造型变化，袖山弧线的变化可以塑造丰富的上衣结构。按照袖山弧线的不同可以分装袖、连身袖、插肩袖和无袖等。

装袖主要是指衣身与袖片分别裁剪的袖型，它是根据人体肩部与手臂的结构设计，是最符合肩部造型的合体袖型。我们通常情况下穿的服装均是装袖。装袖的形状辅助塑造着上衣廓形。（图2-37、图2-38）

连身袖是年代最久远的袖形，也叫中式袖和服袖等。之所以叫连身袖，是因为袖子部分是从衣身上直接延伸下来的，是直接和肩部连在一起的，没有分开裁剪。连身袖的优点就是由于没有分开裁剪而显得肩部比较圆顺，但缺点是腋下部分由于要满足活动量，所以往往腋下部分需要堆积较多布料。（图2-39、图2-40）

插肩袖是指袖子的袖山延伸到领围线或肩线的袖形。一般把延长至领围线的插肩袖叫作全插肩袖。

▲ 图2-39、图2-40 连身袖的运用

▲ 图2-41、图2-42 插肩袖的运用

▲ 图2-43、图2-44 无袖服装

把延长至肩线的插肩袖叫作半插肩袖。插肩袖的形状也塑造着成衣的廓形。（图2-41、图2-42）

无袖是指衣身袖窿的各种变化就是袖子的造型变化。无袖服装通常用在夏季，也在某种意义上塑造着成衣的廓形。（图2-43、图2-44）。

袖身作为袖子的主体，它同样参与塑造上衣结构。袖身一般指袖体中间部分，包括袖长和袖肥。袖身根据肥瘦可分为紧身袖、直筒袖和膨体袖；按衣袖长短可分为无袖、长袖、肩带袖、五分袖（半袖）、七分袖（中袖）、短袖等；按袖片的多少可分为一片袖、两片袖、三片袖和多片袖等；从造型上可分为羊腿袖、喇叭袖、泡泡袖、灯笼袖等等。

羊腿袖是指袖子上部宽大蓬松，袖筒向下逐渐收窄变小，状如火腿，这种袖型具有一定的现代感和审美价值；喇叭袖是指上小下大，袖口比袖身大的袖型，这种袖型有浪漫飘逸的特点，非常女性化；泡泡袖是指在袖山处抽碎褶而蓬起呈泡泡状的袖型，富于女性化特征的女装局部样式，袖山处宽松而鼓起的袖。灯笼袖是指上下小，中间大，状如灯笼的袖型，这种袖型有温馨、浪漫和女性化感觉，多用薄而挺的面料。袖身多变的造型为上衣设计增添了许多变化点。

袖口的设计是为了保护腕关节，满足手的活动和穿脱需要，同时它也在塑造着上衣结构。袖口的大小、长短、形状变化丰富，按袖口的形状还可以分为收紧式袖口和开放式袖口。

收紧式袖口就是在口部收紧，为便于手的伸缩，可留有开叉、扣结、松紧带等天然的收紧工具，也可利用褶裥。衬衫袖多采用这种袖口，具有干练、保暖的特点。开放式袖口就是袖口部放松，一般无需开叉或加松紧带等，手可以自由穿脱，这种袖口可以任意改变造型，具有洒脱、方便的特点，大衣、西服多采用这种袖口设计。袖口的大小、形状对袖乃至整个服装造型都有很大的影响，它的收紧和放松既具有装饰性，又兼具很强的功能性。

领型也是塑造上衣结构的要素之一。领主要包括连身领、装领、组合领型等。

连身领是指与衣身连在一起的领子，有无领和连身出领两种。无领是最简单、最基础的一种领型，它是直接以领围线造型作为领型，没有领面。无领与其他领型所不同的是，它没有相对严格的尺度，与主体服装造型之间是一种较为松散的关系。因此，其造型的自由度较大。它包括圆领（图2-45）、方领（图2-46）、V形领（图2-47）、船形领、一字领（图2-48）等。连身出领是指从衣身上延伸出来的领子，从外表看像装领设计，但却没有装领设计中领子与衣身的连接线，它是把衣片加长至领部，然后通过收省、捏褶等工艺手法与领部结构相符合的领形。

装领是指领子与衣身分开单独装上去的衣领，有立领、翻领、驳领和平贴领四种。立领是指树立在脖子周围的一种领形（图2-49）。立领一般分为直立式和倾斜式，而倾斜式又分为内倾式和外倾式两种。翻领是指领面外翻的一种领形，除非有设计要

▲ 图2-45 圆领服装

▲ 图2-46 方领服装

▲ 图2-47 V形领服装

▲ 图2-48 一字领服装

求，翻领的领面一般都从外边看不到横向的接缝，翻领有加领台和不加领台两种形式（图2-50）。驳领也是翻折领的一种，但是驳领多了一个与衣片连在一起的驳头，驳领的形状由领座、翻折线和驳头三部分决定（图2-51）。平贴领是指一种仅有领面而没有领台的领形，整个领子平摊于肩背部或前胸，故又叫趴领或摊领。平

贴领比较注重领面的大小、宽窄及领口线的形状（图2-52）。

另外还有一种领型叫组合领型，它不是某一种单一领型，而是综合了两种或多种领型的特点进行组合变化设计，这样的领子往往比较有特色，富有创意。

领型设计时主要从领围线的形状、领座的高度、翻折线的特点、

▲ 图2-49 立领

▲ 图2-50 有领台的翻领

▲ 图2-51 驳领

领子的造型四个方面塑造。领围线的形状也就是领窝的形状，它对领型的设计非常重要，它直接决定了领子是否能够平贴。领座的高度也会影响到领子的翻折和形状。翻领设计和驳领设计中要特别注意翻折线的形状，翻折线直接决定着领子是否翻得过来以及决定着领子的外观形状。领子的造型包括领子的高度、宽度、形状、领角的形状以及领尖和领面的装饰等元素的综合。

（二）裙和裤结构

成衣设计中，可以通过省和破刀线、领和袖来塑造上衣结构，那么可以通过什么来塑造裙和裤的结构呢？

塑造裙和裤的方式多种多样，我们先来看看它们到底有几种形式。裙从长短上有长裙、短裙、超短裙；从松紧程度上有紧身裙、宽松裙；从造型上有太阳裙、波浪裙等。裤从长短上看有短裤、七分裤、九分裤、长裤等；从造型上看有高腰裤、低腰裤、喇叭裤、灯笼裤、紧身裤、骑马裤等。从这些变化多样的裙和裤来看，裙和裤的结构变化是丰富的。

一般情况下通过以下几种方式

来塑造裙子和裤子。首先是腰头的高度，因为腰头的高度直接和服装的风格挂钩。我们通过低腰彰显年轻活泼，通过高腰表现复古优雅。其次，裙摆的大小以及裤腿的大小也是我们进行裙和裤设计的重点，裙摆和裤腿的大小是有表情的，利用好这种表情，可以促进裙和裤风格的形成。再次，裙口和裤口的大小也是设计点，裙口和裤口的大小决定了穿着的舒适度和风格特点。总之通过腰头、裙摆和裤腿、裙口和裤口的变化，可以塑造裙和裤的丰富廓形。

三、面料元素

面料元素主要指面料的成分、外观、手感、质地、厚薄等。面料是体现服装设计的基本要素，无论款式简单或复杂，都需要用面料来体现，不同的面料体现出不同的服装风格，不同的款式要选用不同的

面料。在运用面料时通常会考虑进行面料再造，那这就涉及面料的一次设计和二次设计。

（一）一次设计面料

事实上，成衣大多数时候都使

用一次设计面料，一次设计面料即是实际在市场上购得的面料，指的是只经过面料设计师的面料图案、颜色以及肌理等设计，直接可以在市面上买到的面料，它是相对二次设计面料的说法而提出的。

（二）二次设计面料

面料的二次设计，也叫面料再造，是将现有的服装面料作为面料半成品，运用新的设计思路和工艺改变现有面料的外观风格的一种设计形式。二次设计面料多半由服装设计师设计，并被运用在成衣设计里面。这可以让自己的成衣更有独特性。

成衣面料的二次设计手法很多，主要有以下四种：面料的立体型设计、面料的增型设计、面料的减型设计、面料的钩编织设计。

成衣面料的立体型设计是指改变面料的表面肌理形态，使其形成浮雕和立体感。如褶皱、折裥、抽缩、凹凸、堆积等等。成衣面料的增型设计是指通过贴、缝、挂、吊、绣、粘合、热压等方法，添加相同或不同的材料，如珠片、羽毛、花边、立体花、绣线等多种材料，将这些面料通过绣、堆积等方式使面料呈现新的感觉（图2-53、图2-54）。成衣面料的减型设计是

指破坏成品或半成品面料的表面，使其具有不完整、无规律或破烂感等外观。如抽纱、镂空、烂花、撕、剪切、烧、水洗、砂洗等（图2-55、图2-56）。成衣面料的钩编织设计是指采用面料或用不同的纤维制成的线、绳、带、花边等通过编织、编结等手法，形成疏密、宽窄、连续、平滑、凹凸等外观变化（图2-57）。

▲ 图2-52 平贴领

图2-53

图2-54

▲ 图2-53、图2-54 运用增型设计的面料

图2-55

图2-56

▲ 图2-55、图2-56 运用减型设计的面料

▲ 图2-57 运用钩编织设计的面料

设计师对面料进行的二次设计多半都是对面料进行破坏性创新，通常情况是通过系扎法、高温压褶、抽丝和镂空、编织、绗缝、刺绣、拼贴、做旧、染色、丝网印、染料手绘、撕、喷绘、剪洞、烧等方式。

系扎法：系扎法是在一块布上通过线与点的连接，使面料呈现出浮雕的外观，看起来生动而又独特。

高温压褶：高温压褶包括玻璃雨褶、梯形花褶、酒樽褶、人字褶、牙签褶、排褶、拉筋、电脑混合褶、乱褶上色等。

抽丝和镂空：抽丝即抽掉经纱或者纬纱；镂空就是利用机器或者人工进行剪洞处理。

编织：编织即把面料裁成带状，通过穿、绕、捆等编织的手法制造各种肌理。

绗缝：绗缝即在衣片表面用线迹做一定的装饰花纹。

刺绣：刺绣是通过运针将绣线组织成各种图案和色彩的一种工艺。

拼贴：时装界的拼贴要的是拼贴形式本身的美感，作为一种时尚存在，是面料与色彩的游戏。

做旧：做旧是利用水洗、砂洗、砂纸磨毛、染色等手段，使面料由新变旧，从而更加符合创意主题和情境需要的面料再造方法。做旧分为手工做旧、机械做旧、整体做旧和局部做旧。

染色：染色主要有扎染、蜡染和吊染三种方式。扎染是一种先扎后染的防染工艺，是通过捆扎、缝扎、折叠、遮盖等扎结手法，使染料无法渗入到所扎布面之中的一种工艺形式；蜡染也是一种防染工艺，是将蜡融化后绘制在面料上封住布丝，从而起到防止染料浸入的一种工艺形式。蜡染颜色的深浅也是衡量蜡染价值的重要指标。颜色越深越浑厚且用色越均匀的蜡染作品证明其在加工过程中被漂洗的次数越多，一般情况下价值越高。吊染是用吊染机器将面料悬挂，通过机器控制染料与面料接触的时间来控制染色深浅的一种方式。

丝网印：丝网印是在一种轻薄的丝织品上制版印花，将不需要颜色的地方用胶将其封住，通过丝网的漏印，将设计者的创作意图直接印制在表面材料上，具有独特的艺术效果。它适合少量时装的手工印花，且灵活便利易于操作。

染料手绘：手绘技法有许多种表现形式。可以直接用毛笔、画笔等工具蘸取手绘染料或丙烯涂料按设计意图进行绘制，也可用隔离胶先将线条封住（使隔离胶透过布面），待隔离胶干后，再用染料在布面上分区域涂色。

撕：撕是用手撕的方法做出材料随意的肌理效果。

喷绘：喷绘是借助于一定的工具在时装面料表面喷上许多色点，利用色点的疏密变化表现各种图形或图像的面料再造方法。有手工喷绘和电脑喷绘。

剪洞：针织面料，结合其面料的"不毛边"和"单向卷曲性"，剪出不同形状的洞或线，在拉伸的时候剪口随拉力表现出不同的大小和形状，着装后随人体曲线起伏形成多样的布面外观。

烧：烧是利用烟头在成衣上做出大小、形状各异的孔洞来，孔洞的周围留下棕色的燃烧痕迹。

面料二次设计的元素和手法是多元化的，以上创作方式综合起来可制作更丰富的布面肌理。通过这些手法，可以获得更多的符合潮流动向的流行元素。

面料制作出来之后，可以根据服装的风格运用在服装的整体或者局部上，以辅助升华服装的美感，同时得到独一无二的效果。

（三）新型面料

现在服装行业由劳动密集向技术密集转变，各个服装企业都相继采用新型材料，提高服装的附加值。

许多大师都在不断地尝试运用新型面料，如著名设计师皮尔·卡丹（Pierre Cardin）在1968年设计了乙烯基迷你裙；三宅一生（Issey Miyake）用涤纶面料根据人体曲线来调整裁片和褶痕，使服装在平放时呈现出层次清晰的几何图形，人在穿着时图案又随着人的动作而波动；意大利著名设计师詹尼·范思哲（Gianni Versace）将皮革、丝绸、蕾丝花边、斜纹棉布这些看似风马牛不相及的材料得心应手地结合到一起，创造出了意想不到的效果。不难看出在服装发展进程中，大批优秀服装设计师都对面料有很深的研究，这些服装设计师巧妙地利用面料，创造出了奇妙的服装效果。

每当一种崭新的服装面料问世，都推动着服装的更新和发展。近年来，服装材料的发展有目共睹，如植物纤维有机棉、彩色棉、罗布麻、竹纤维等；动物纤维有彩色毛面料、无鳞羊毛、彩色蚕丝、蜘蛛丝等；人造纤维素纤维面料有天丝、莫代尔、竹浆纤维、人造蛋白质纤维等。除了这些还有其他的新型面料，如大豆纤维面料、牛奶纤维面料、甲壳素纤维面料、玉米纤维面料、金属纤维面料、高触感面料材料、热敏变色纤维面料、光敏变色纤维面料、除臭香味新材料面料、保暖调温服装材料面料、透视吸汗服装材料面料等。层出不穷的现代科技带来的新材料、新产品，使现代服装的功能大大增强，面貌焕然一新。

2 四、色彩元素

成衣能够合理正确地使用颜色是增加销量的必要前提。因为服装中的色彩信息传递最快，情感表达最深，视觉感受的冲击力最大，而且最具美感和诱惑力。色彩是影响服装整体视觉效果的主要因素，也是服装设计中最重要的构成要素。"远看颜色近看花"这句话足以说明颜色的重要性。

成衣色彩大致可以分为无彩色系和有彩色系两大类。这两类色彩概括了所有的颜色。下面我们来分析这两类色彩在我们成衣设计里面的运用方式。

（一）无彩色系

无彩色系就是指黑色、白色和深浅不同的灰色。从物理学角度看，它们不包括在可见光谱中，所以称为无彩色。但是在心理学上它们有完整的色彩性质，在色彩体系中扮演重要角色。

无彩色系既经典又时尚，以不变应万变，许多消费者对无彩色系情有独钟。如果关注每年的时装发布会，则不难发现时尚界许多设计师都爱选择这种色系。如日本的著名设计师渡边淳弥（Junya Watanabe），几乎每年都会以黑白灰为主题色，结合结构的塑造，给人另类、个性的印象（图2-58~图2-60）。意大利的著名设计师阿玛尼（Armani）也是黑白灰的忠实运用者。

由于黑白灰用于服装色彩中不受年龄、性别等诸多因素的限制，适合于搭配和适用于大部分人群，因此是大众乐于接受的颜色，也是生活服饰中最为常见的色彩。实际许多人并不十分懂得色彩搭配的规律，然而无彩色与其他色彩的服装搭配穿着是最为保险的。这就揭示了在人们衣柜中为什么几乎都拥有白衬衫、黑裤子的原因。所以，不分款式、品牌、季节，无彩色永远是人们衣柜里不可或缺的一部分，是着装中的基础色，也是服装及纺织品中应用率最高的颜色。根据服装市场色彩数据库的调查统计显示，服装色彩中选率最高的颜色为白色，其次为黑色。正是由于

▲ 图2-58 2012年秋冬Junya Watanabe作品　　▲ 图2-59、图2-60 2011年Junya Watanabe作品

这些难能可贵的特点，黑白灰始终在时尚领域中经久不衰，占有重要地位，成为服装色彩永恒的经典主题。

（二）有彩色系

有彩色系是我们经常用到的，它以红、橙、黄、绿、青、蓝、紫七色为基本色，基本色之间不同量的混合，以及与黑白灰之间不同量的混合，会产生出成千上万种有彩色。有彩色的存在，为我们的服装提供了丰富的素材。图2-61通过色彩的搭配，将一件简单的成衣搭配出了不同的风格。图2-62、图2-63如果没有色彩，那么朋克的风格便体现不出来。

▲ 图2-61 Ziad Ghanem作品

▲ 图2-62 Vivienne Westwood作品

▲ 图2-63 Vivienne Westwood服装里面丰富的色彩

2 五、装饰元素

装饰的形式多种多样，但大多都是通过元素"加"的方式进行，也有极少通过镂空等"减"的方式进行。装饰元素的选用可以辅助风格的形成。装饰元素主要有以下几种：

（一）褶裥和线迹

我们在成衣设计里面，经常用到褶裥来辅助服装收省或者是为服装增添节奏感，褶裥给服装增添风格趣味。图2-64运用褶裥使这个礼服的款式有了节奏，图2-65运用褶裥使服装的下摆有了变化，图2-66运用褶裥营造出了飘逸的效果。

线迹多种多样，我们经常采用明线运用在成衣里面，可以是双线、单线、衍缝线，也可以是直线和有图案的线条等，这些线迹为服装增添了细节及表情。图2-67运用多条平行线，使服装更加服帖的同时又增添了细节。图2-68和图2-69通过衍缝线迹增加了服装的层次感。

 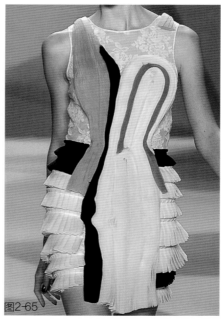 

图2-64　图2-65　图2-66

▲ 图2-64~图2-66 褶裥的运用

图2-67　图2-68　图2-69

▲ 图2-67~图2-69 线迹的运用

（二）拼缝和珠饰

拼缝元素是我们成衣里面常用的装饰元素。可以辅助风格的形成。（图2-70）

珠绣工艺可以应用于成衣中，如牛仔服、毛衫、T恤衫、休闲衬衫、晚礼服，甚至应用于披肩、背包、鞋、帽等服饰配件。其中一些品种，如闪光珠片、串珠、水串珠、宝石珠与成衣设计结合富有特色，很受欢迎。目前主要有手工珠绣和机械珠绣两种。手工珠绣样式灵活多变，色调瑰丽。随着高科技工艺技术的发展，许多过去完全靠手工珠绣的工艺，逐渐被机械珠绣取代，既摆脱了繁重的手工劳作，减轻了劳动强度，又极大地提高了成品率和生产率，增加了花色品种。（图2-71）

（三）印花和贴花

印花和贴花的使用可以辅助风格的完善。印花有很多种方式，如丝网印花、热转移印花、数码印花等。

▲ 图2-70 拼缝元素的运用　　　　　　　　　　　　　　　▲ 图2-71 珠饰的运用

丝网印花由于比较便宜，是使用最多的印花方式之一。丝网印花主要原理是丝网印版图案的网孔能够透过油墨印到成衣面料上，图案以外部分的网孔堵死而不能透过油墨，在面料上形成空白。我们日常生活中的许多服装的徽标均是这种印刷方式。

热转移印花是由成衣设计师设计出成衣所需要的图案，将其交付进行转移印花的生产厂家进行生产，设计图稿可以是手绘设计图，也可以是电脑设计图，将其输入电脑进行花型分色，通过高精度的电雕机精工雕刻转移印凹版的花版辊，利用电子雕刻版辊和油墨将图案花型印制在特种纸上，转移印花纸经过一定时间、温度和压力的控制，花型被印在布上，即为热转移印花。热转移印花因其图案的随意性较大，是许多设计师比较愿意选择的多种印刷方式之一。

数码印花是直接在电脑上进行设计的多色图案或者将图案通过数字形式（扫描仪、数码相机等）输入计算机，通过计算机印花分色描稿系统编辑处理，再由计算机控制微压电式喷墨嘴把专用染液直接喷射到纺织品上，最后形成图案。

贴花是在成衣（如童装、毛衫、T恤衫、休闲衬衫、睡衣、牛仔裤等）上采用的贴花工艺。尽管它是一种比较传统的装饰手法，但在成衣上应用十分广泛。贴花材料可以是针织面料、梭织面料或者皮革、毛线等。成衣设计师画出需要贴花的款式图稿，完成样衣衣片的制作后在样衣衣片上用画粉大致画出需要贴图的位置、方向和大小，用半透明的拷贝纸按1∶1的比例画出贴花的图案，标明各贴花的面料和贴花的手法，交样衣室师傅制作

贴花图案。因此，成衣设计师必须学习各种贴花工艺的手法和拷贝纸图案的绘制方法，才能进行贴花图案的设计。

（四）滚边和盘花

滚边是用布条做包边处理，这在许多薄型面料以及厚面料的内里比较常见。通过滚边的服装正反面均很光洁，这样的服装使人感觉工艺过关，很受欢迎。

盘花多半运用在中式服装中，现在许多的服装也在运用这种手法来增加成衣的趣味性。盘花可以用专门的中国结线来盘花，也可用自己制作的布条来盘花。盘花种类多样，可以自己设计。

通过以上几种方式在服装上添加装饰元素，既丰富了服装的表现力，也为现代成衣创作和设计提供了有益的提示和参照。

六、单元教学导引

目标

本教学单元主要探讨成衣设计的五大基本元素，廓形元素、结构元素（上衣结构、裙和裤结构）、面料元素（一次设计面料、二次设计面料、新型面料）、色彩元素（无彩色系、有彩色系）和装饰元素（褶裥和线迹、拼缝和珠饰、印花和贴花、滚边和盘花）。通过学习成衣设计的五大元素，使设计者更明确地懂得成衣设计的相关因素在成衣设计里面所占的位置，并能从这些相关因素出发来思考成衣设计。

要求

本教学单元分别介绍成衣设计的五大基本元素及其相关的设计要点，要求同学们能够在设计中灵活运用这些基本知识来指导设计。

重点

本教学单元的重点是各个元素的结合思考，就是掌握各个元素的关联。许多同学在设计的时候习惯将各个元素孤立起来思考，这种思考方式不科学，事倍功半。

注意事项提示

在进行成衣设计的时候一定要将各个元素关联思考，才能设计出既美观又实穿的服装。

小结要点

本教学单元主要是阐述成衣设计的五大元素，以及各个元素的特点。请同学们认真体会并运用在成衣设计里面。

为学生提供的思考题：

1. 成衣的廓形元素是指什么？
2. 成衣的结构元素是指什么？
3. 成衣的面料元素是指什么？
4. 成衣的色彩元素是指什么？
5. 成衣的装饰元素是指什么？

学生课余时间的练习题：

1. 请列举出20世纪50年代流行的服装廓形，并简要阐述其特点。
2. 请列举出3个以结构元素为设计重点的成衣品牌，并简要阐述该品牌的受众需求。

为学生提供的本教学单元的参考书目及网站：

《时装设计元素：面料与设计》（英）阿黛尔 著 朱芳龙 译 中国纺织出版社

《时装设计元素》（英）索格 等著 中国纺织出版社

中国服装网：http://www.efu.com.cn/fashion/

国际时尚网站：http://www.style.com

作业命题：

请简要分析成衣可以在哪些服装元素上进行创新设计，并举例说明如何创新。

作业命题的缘由：

许多成衣品牌其受众不同，消费者的消费习惯等也不同，这就需要成衣品牌根据消费者的爱好、习惯、收入、品位等不同的层面来思考，并相应的在廓形、结构、面料、色彩和装饰上进行适当组合，以期获得更多的认可。

命题作业的具体要求：

要求在规定的时间内每个学生单独完成至少50个常用图块的制作，并且要求绘制的图例图块尺寸正确，图形美观。

命题作业的实施方式：

通过网络搜集、问卷调查或者定点采访的形式来收集资料，将这些资料进行汇总分析，得出结论。

作业规范与制作要求：

要求文字清晰、分析清楚，1500字以上。

第 **3** 教学单元

成衣设计的风格

3 一、风格的形成与意义

在服装设计中，面料、色彩、造型结构表现的是形式，而风格表现的是审美内涵，成衣设计的风格是指设计师在其设计作品中所表现出的强烈个性特征及审美追求，它是设计师设计思想和艺术特点的具体反映。

（一）风格的形成

成衣设计中设计师的生活经历、文化修养、审美趣味、审美理想、性格、气质、喜好等因素都会对风格的形成有着很大影响。因此，风格的形成是设计师在长期的设计实践中逐步形成的。

世界顶级服装设计大师皮尔·卡丹（Pierre Cardin）先生从小出身贫寒，在裁缝店当过学徒，在巴黎时装店给别人打过工，但凭着他的勤奋与灵巧，加之见识的增长和丰富的服装实践经验的积累，他的设计作品引起了上层消费者的青睐，后来独立开办了自己的公司，并于1950年创立了皮尔·卡丹（Pierre Cardin）高级时装品牌。经过多年对市场的考察，他认为高级时装必须在大众中开辟市场，通过高于一般人的生活购买力而引导人们的审美追求与生活观念，以提升大众的生活品质，他为此奉行"让高雅大众化"，在这期间他承受了大量来自各界的阻力，但凭借独特的创造力与敢于突破传统的精神，他设计的高级时装走向了高级成衣，最终创造了新颖时尚、色彩鲜明、线条清楚、可塑感强的Pierre Cardin成衣风格，并一举获得成功。可以说在成衣设计中，服装风格的形成往往需要有像皮尔·卡丹式的设计师，需具有开阔的视野、敏锐的眼光、创新的思维、丰富的社会阅历、广博的文化知识以及对服装事业认真执著的精神。

（二）风格的意义

我们熟知的著名服装设计大师香奈尔曾说："时尚终会过时，只有风格永存。"服装的风格是设计的灵魂，是个性特征的体现，是与其他品牌相区别的独特性的表现，一旦随波逐流就会被市场淹没，很难给人留下深刻的印象。设计师依靠自己的独特风格而成名于世，品牌服装的总体特征是通过风格传达出来，给人以视觉上的冲击和精神上的感染，这种感染力就是设计的灵魂所在。早在1914年，香奈尔创立了Chanel时装品牌，她设计的服装具有时尚简约、优雅别致、简单舒适的风格，她去世后由著名设计师卡尔·拉格菲尔德（Karl Largerfeld）接班，拉格菲尔德具有源源不断的新创意，每季都会推出令人耳目一新的佳作，实际上他依然延续着Chanel品牌风格，他的设计作品中无不让人感受到香奈尔品牌的精神理念，并始终吸引着广大香奈尔品牌的追随者。

时装界所有能在市场占有一席之地的品牌，无不始终保持自己独有的个性风格，它在引导流行的同时也被一代代设计师传承演绎下来，成为时尚界永恒的经典，如我们常提到迪奥的"新外观"（图3-1、图3-2）、香奈尔的"香奈尔套装"、奎因特的"迷你裙"等。

▲ 图3-1 迪奥的"新外观"经典造型

▲ 图3-2 2011年迪奥品牌的设计作品之一

3

二、风格的分类与特点

目前，成衣设计的风格存在多元化的特征，我们可以按照服装的设计要素、审美追求和表现趣味来分析当前流行的成衣风格的类型和特点，成衣设计的风格主要有以下七种类型：

（一）民族风格

民族风格是通过借鉴和汲取古今中外优秀传统艺术或各民族传统服饰的精华，再结合现代时尚审美而形成的一种设计风格。从形式上看，它往往借用了一些传统艺术或服饰的要素，如传统图案、传统色彩、传统工艺技法或传统的结构造型等，总体给人一种或为怀旧、或为质朴、或为装饰化、或为自然的印象。反映了人们渴望回归自然、返璞归真、生态健康的追求。

目前，民族风格备受设计师们的推崇，它在一定程度上向外界传达出本土的精神文化内涵，影响深远，具有文化传播的意义。我们特别需要注意的是，民族风格不是对传统艺术或民族传统服饰样式的再现，当然也不能仅仅停留在此基础上的改良，而要不拘泥于传统的"形"，注重对"神"的理解和诠释，设计作品中表现出来的内涵和气质才能带给人们全新的精神感受。（图3-3～图3-6）

（二）都市风格

都市风格是一种具有浓厚的都市时尚气息，符合现代人工作与生活节奏的风格。这类风格紧紧跟随人们的生存环境和生活方式，同时也表现出强烈的个性色彩。从形式上看，都市风格的成衣结构造型一般采用简练而肯定的线条与轮廓，服装制作工艺细致，上下装的色彩大多较为和谐统一；相对于整套服饰来说，局部更注重时尚元素的运用，时尚元素的选择同时也是表现个性、都市情调的重要方式。总的来说，都市风格的成衣既给人干练、个性、严谨的感觉，又具有潇洒、自信的特点，比较适应现代城市中人们的工作与生活状态。（图3-7～图3-10）

图3-3

图3-4

▲ 图3-3、图3-4 民族风格设计（设计者：梁子）

图3-5

图3-6

▲ 图3-5、图3-6 阿尤品牌的民族风格设计作品

（三）休闲风格

　　科技的发展、社会的繁荣导致现代人生活节奏越来越快，压力也随之越来越大，人们内心深处渴望解压、渴望生活节奏变慢，于是开始追求一种放松、休闲的生活状态。具有休闲风格的成衣往往带有一种浓厚的优雅闲适的气息，充满着舒适悠闲、随意轻松、不拘束缚、自由自在的特点，更多的体现了现代人对待生活的乐观态度。

　　休闲风格的成衣在设计上避免了紧身、挺直、坚硬的造型，柔和而自然的形态被大量运用到款式造型和细节处理中。服装面料的选择比较宽泛，大多采用新颖的、有特点的、性能强的、品质较高的面料。工艺处理也丰富多彩，特别在局部更注重趣味的表现，但总体摈弃做作的人为雕饰，以真实、自然的设计去追求一种实用的、随意的、放松的风格，从而突出一种轻松洒脱的感觉。（图3-11~图3-14）

▲ 图3-7、图3-8 都市风格设计作品（Roland Mouret美国）

▲ 图3-9、图3-10 都市风格设计作品（Cédric Charlier 2013年欧美春夏秀场）

▲ 图3-11、图3-12 休闲风格设计作品（zero+maria cornejo）

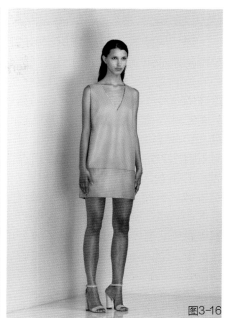

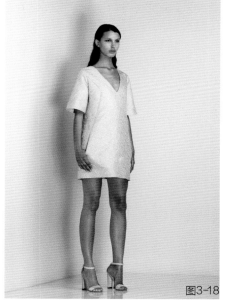

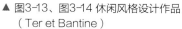
▲ 图3-13、图3-14 休闲风格设计作品
（Ter et Bantine）

▲ 图3-15~图3-18 简约风格设计作品（Richard Nicoll）

（四）简约风格

20世纪以来，随着科学技术的突飞猛进，工作生活更加快节奏，繁琐的服饰不能适应新的生活，简约风格的服饰给人们带来了身心的解放。从整体来看，它没有花哨华丽的色彩、夸张奇特的造型和繁琐多余的装饰，而更注重服装的实用性，更加的简洁方便，因而深得人心，成为服装界一直流行的风格之一。

简约风格的成衣在设计上多强调面料和制作工艺的精湛，它需要在简约适体的造型款式下展现出服装的优良品格；色彩的选择上多采用和谐、单纯的配置，给人宁静平和的状态；服装装饰精致、含蓄而巧妙，通常以较小的面积恰到好处地体现出服装的时尚气息和设计内涵。（图3-15~图3-18）

（五）前卫风格

前卫风格是一种对传统观念的反叛与挑战的风格，前卫风格的服装具有超前的、强烈的个性风貌，往往以极端、另类、刺激、奇特甚至荒诞的形式给人强烈的视觉张力或心灵触动。但它只代表了一部分不甘守旧、有独特审美并敢于挑战世俗的年轻人群的追求，并不会大规模地流行开来。因此，前卫风格的服装具有很强的实验性、创新性和叛逆性。

前卫风格的成衣在设计上虽强调破除传统，将诸多元素进行了看似荒诞的组合或随意堆砌，表面给人杂乱无章、不伦不类的感觉，事实上，设计作品的外在形态紧密结合了其思想内涵。当前一些后现代设计师们很注重从历史、街头、社会、战争、民族、科幻等各种不同文化模式中汲取营养与精华，通

过对服装的造型结构、面料材质、工艺技术、图案纹样等的解构或重组，来实现颠覆传统意义上的成衣概念，常用的设计形式往往有改造、错位、分解、组合、夸张等。我们在仔细品味那些优秀的前卫风格的设计作品时，不仅会感受到设计师们的艺术个性、理想精神，而且在我们享受视觉盛宴的同时也会对这个世界进行思考，这就是前卫风格的生命力所在。（图3-19~图3-22）

（六）浪漫风格

长期以来，浪漫风格是追求生活情调或现代文化品位的人们极力推崇的理想典范，它强调的是个人的主观感受和愉悦的乐观精神，容易触动人的美感想象而进入一种舒适完美的美妙境界。因此，它在服装设计界一直备受设计师们的青睐。

浪漫风格在设计上注重突出飘逸、朦胧、流动的特征，如服装上常用纯净而柔和、渐变而妩媚、绚丽而优美的色彩等来制造浪漫诗意

图3-19　　图3-20

▲ 图3-19、图3-20 前卫风格设计作品（Alexander McQueen）

图3-21　　图3-22

▲ 图3-21、图3-22 前卫风格设计作品(Comme des Garcons)

▲ 图3-23、图3-24 浪漫风格设计作品（Luisa Beccaria）

▲ 图3-25、图3-26 浪漫风格设计作品（Elie Saab）

▲ 图3-27、图3-28 运动风格设计作品（Jeremy Scotty和Libertine 2012年秋冬纽约）

的气氛；质地面料常选用轻盈透明的细纱、滑爽飘逸的丝绸、华丽精细的锦缎、柔软细薄的细棉布等来传达浪漫美感；款式结构上避免坚硬的直角或直线造型，常采用曲线或曲面的造型来呈现优雅浪漫的感觉；形式上常用自由下垂的长裙、吊带、各种细密自然的褶裥、性感的低胸、露肩、露背、凹凸有致的贴体等来促成娇媚性感的浪漫效果；装饰上会根据主题需要采用各类金丝银线、珍珠宝石、亮片水钻、刺绣蕾丝等来展现高雅优美的浪漫情趣。（图3-23～图3-26）

（七）运动风格

健康生活是现代人们追求的目标之一，具有运动风格的成衣一直以来也长盛不衰，受到各个阶层、各个年龄段人们的普遍喜爱。这类风格具有简洁实用、穿脱方便、注重功能性的特点，并充满青春健康的气息。

运动风格的成衣设计多借鉴了专业运动服的元素，如款式结构多选择带松紧的套头式上衣或门襟为拉链的上衣、可折叠并收进衣领内的连衣帽、可调节的松紧腰带、紧缩式袖口或裤边、宽松的长裤或短裤等，有时候考虑到出行运动的需要，衣袖身和长裤可被设计为用拉链连接的两截式，给人提供了运动时的最大方便；在面料上，注重功能性的考虑，多采用耐磨弹力、轻巧透气、防晒防雨、吸湿速干、防风保温的面料，在人体活动时保持了肌肤的清爽舒适；在色彩上，注重展示活力时尚的气息，通常选择明度、纯度较高的色彩配置，并以不同面积的分割配置或对比设计来增强其活跃的效果，突出款式的简洁明了，并使运动者在野外便于被识别，这对运动者起到很好的保护作用。（图3-27～图3-30）

▲ 图3-29 运动风格设计作品（设计者：万婷婷）

主题：翻 滚 吧·时 光

▲ 图3-30 运动风格设计作品（设计者：黄帅）

3 三、风格的实现

我们知道，设计师的个性和审美追求只有通过鲜明的服装风格才能体现出来，服装的精神内涵也才得以传达，因此，如何实现服装的某种风格是进行设计时必须考虑的重要过程。而任何一种服装风格都有特定的设计元素群，如相应的色彩与色调、面料与工艺、款式与造型、装饰与图案等等，服装风格必须借助这些相应的设计元素群才能实现。

（一）通过色彩与色调实现风格

我们知道，服装的三要素包括面料、色彩、造型，其中色彩是最先跃入人眼帘的，印象也是最深刻的。人们往往会根据服装颜色来称呼陌生人，如我们常常会说：对面那个穿红色裙子的女孩；那边走来一个穿蓝色衬衫的学生等。服装设计中，我们把不同色彩进行不同组合后形成的调子称为色调。服装的色调能传递出不同的气氛，从而给人带来不同的感受。色彩的色调是营造和实现成衣风格的重要因素。

如纯度较高的色彩组合可形成跳跃活泼的氛围，给人动感与活力的感受，适合表现运动风格。色彩单纯明净、配色和谐统一的色调，可营造平静舒缓的氛围，是简约风格的选择。枫叶红、橄榄绿、草绿、土红、钴蓝、中黄、米白、棕色等色彩组合，能营造出亲切、质朴的气息，可表现回归自然的休闲风格。明度较高的纯白、粉红、玫瑰红、淡黄、浅蓝等色彩组合，可渲染出朦胧妩媚的浪漫情调，能较好地实现浪漫风格等等。（图3-31～图3-35）

图3-31　图3-32

▲ 图3-31、图3-32 以浅粉色、淡红色渐变效果来实现浪漫风格（Christian Dior）

图3-33　图3-34

▲ 图3-33~图3-35 以橄榄绿、棕色系列等来表现回归自然的休闲风格（Marni 2010年春夏米兰）

（二）通过面料与工艺实现风格

　　面料也是服装的三要素之一。不同的面料具有不同的质感，成衣设计中，根据需要，设计师常常会采用不同的工艺来烘托面料的质感效果，不同的面料与工艺组合可以创造出迥然不同的风格。

　　精纺类面料造型挺括、线条清晰，采用相应的裁剪和制作工艺，可表现庄重、稳定的严谨风格。质地光滑且反射出亮光的面料，具有华丽耀眼的外观，结合珠绣等精致的工艺技法，特别适合表现华贵高雅的风格。透明轻薄、柔软飘逸的纱质类、丝绸类、细棉类可结合镂空蕾丝来表现富有动感的浪漫风格。相对而言，厚重的麻织物或肌理感较强的天然面料，结合采用绗缝、拼缝、留自然毛边等工艺，可产生浑厚、质朴的自然风貌，适合表现休闲洒脱的风格。（图3-36～图3-40）

（三）通过款式与造型实现风格

　　成衣设计中服装的款式与造型是相辅相成、密不可分的，它们能给人以不同的审美感受，也能给人们形成非常深刻的印象，使服装的风格特色更加明朗。如简洁、合体、洗练的造型款式，代表造型为H形的适合表现简约、严谨的中性风格；款式造型宽松随意的，适合展现休闲自然的风格；款式凸显女性特征的，多为X形、S形，是优雅性感的女性化风格；相反，款式凸显男性宽肩造型的，如Y形、T形，是男性化风格的典型特征；常用解构主义手法来实现与众不同的服饰理念的，具有夸张的款式或相对复杂的造型，往往是前卫风格服装的表现；有着舒缓柔和、曲线流畅的形态，被大量运用到整体款式造型上的通常是浪漫风格服装的特点。

▶ 图3-36、图3-37 通过透明轻薄、柔软的纱质类面料来实现浪漫风格（Valentino 2011年春夏高级定制）

▶ 图3-38～图3-40 精纺类面料结合相应的裁剪和制作工艺来表现庄重、稳定的严谨风格（Bouchra Jarrar）

图3-35

图3-36

图3-37

图3-38

图3-39

图3-40

值得一提的是，尽管某些经典的款式与造型是经历了历史的考验而被长期留存下来的，虽保持和体现了独有的风格特点，比如传统西服、西裤、经典的燕尾服、衬衫等，但我们在借鉴这些款式造型进行设计时，仍然要加以创新改进，并注重现代感的表现。（图3-41～图3-45）

（四）通过装饰与图案实现风格

在成衣设计中，服装装饰与图案都是增加服装面料表面效果的方法，它们通过视觉与触觉来提升服装品格，给服装带来了一种别样的风貌，显然二者也是服装风格实现的重要因素之一。

通常民族风格常会借鉴民族传统服饰的典型的装饰手法与有代表性的图案来实现，如扎染、蜡染、刺绣图案等，装饰细节上都会用到一些特色民族元素，如盘扣、滚边、银饰等等，但我们在设计中要注意将民族经典与现代审美结合，强调用现代方式去处理设计内容。简约风格的服装图案较为简练而含

▲ 图3-41、图3-42 宽松随意的造型展现休闲风格（BCBG Max Azria 2013年欧美春夏）

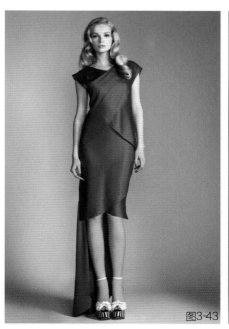  

▲ 图3-43～图3-45 款式凸显女性特征的女性化风格设计（Tmperley London）

蓄，讲究装饰的精巧别致，在突出精致装饰的同时又要适度抑制装饰的程度。古典风格的服装装饰味极为浓厚，常用到蕾丝、珠绣、刺绣等装饰手法，突出服装的严谨、和谐、精致，其装饰图案也极力展现高雅华丽的唯美风貌（图3-46、图3-47）。前卫风格的服装装饰与图案具有强烈的个性风貌，不受常规观念的束缚，常表现出夸张大胆的一面，给人强烈的视觉冲击力（图3-48）。目前，结合电脑设计的图案也大量装饰于现代服饰中，图案呈现出的独特的效果烘托了服饰的时尚感，适合表现现代都市风格。（图3-49～图3-51）

▲ 图3-46、图3-47 通过精致的手工珠绣装饰手法来实现古典风格（Chanel 2012年）

▲ 图3-48 以强烈个性风貌的装饰与图案来实现前卫风格（Givenchy 2011年春夏高级订制）

图3-49　　　　图3-50　　　　图3-51

▲ 图3-49～图3-51 结合电脑设计的图案装饰于服装中展现现代都市风格（peter pilotto 2013年欧美春夏秀场）

四、单元教学导引

目标

本教学单元分三个环节，分别阐述风格的形成与意义、风格的分类与特点、风格的实现。学生通过本教学单元的学习，了解并掌握成衣设计的风格，再结合前面两个教学单元所学理论知识和成衣设计的基本元素，把握成衣设计风格的实现内容。

要求

本教学单元通过多媒体教学的方式，图文并茂，通过案例的介绍增加学生对成衣设计风格的认识和了解。教学中，可以引导学生对成衣设计的风格实现内容方法展开讨论，增强学生对风格实现的理解和把握。

重点

本教学单元的重点是让学生理解和把握成衣设计风格的实现方式方法，重点认识到每一种风格的实现需要借助相应的设计元素群，那么熟练掌握和应用这些设计元素群是本教学单元的重点之一。

注意事项提示

在本教学单元的学习中，应多给学生进行图例分析，可结合更多设计成功的经典范例作品来展开形象的阐述，有效地帮助学生加深理解并掌握，鼓励学生在练习实现某种服装风格的前提下大胆发挥自己的创造力。

小结要点

本教学单元主要介绍了成衣设计中风格的形成是与设计师的长期设计实践经验分不开的；服装的风格是设计的灵魂；成衣设计的风格种类较多，每种风格都有其独有的特点，把握各种不同风格的特点，有助于结合相应的设计元素来实现相应的风格。

为学生提供的思考题：

1. 如何理解"时尚终会过时，只有风格永存"这句话的含义？
2. 简述风格的形成与设计师有何关系？
3. 成衣设计的风格主要有哪些类型？各自有什么特点？
4. 风格的实现有哪些方式？相应的设计元素群有哪些？

学生课余时间的练习题：

1. 查找并搜集当前世界著名服装品牌，分析其设计风格的特点。
2. 讨论3~5个世界著名服装设计师的作品风格。
3. 围绕某种成衣设计风格讨论实现其风格所需要的设计元素群。

为学生提供的本教学单元的参考书目及网站：

《服装设计风格》王晓威 编著 东华大学出版社

《服装图案风格鉴赏》王晓威 编著 中国轻工业出版社
《民族时尚设计——民族服饰元素与时装设计》刘天勇 王培娜 著 化学工业出版社

本教学单元作业命题：

1. 在世界著名服装品牌中自由选择4种风格的成衣设计作品，从面料、色彩、造型、图案等方面进行简略的文字分析。
2. 以手绘表现的方式，在纸上用笔勾画出本教学单元所讲的7种风格的成衣效果图，并标注分析说明。

作业命题的缘由：

根据学生对各种成衣风格的分析和描绘，不仅综合考查学生对风格的认识和实现的程度，同时易于调动起学生的学习热情，从风格的造型到表现方式，加深学生对成衣风格设计的理解和掌握。

命题作业的实施方式：

采用课内与课外相结合的方式来完成；第一题可上网查阅相关资料，可适当安排在课外完成；第二题为保证作业的完成效果和真实度，安排在课内完成，在老师的辅导下进行。

作业规范与制作要求：

1. 第一题文字表述整理完成后，配合所选择的图片，用电脑打印，注意版式美观，图文清晰规整。
2. 第二题用铅笔或绘图笔手绘完成。
3. 统一A3纸张，横向。

第 **4** 教学单元

成衣设计的过程
与方法

4 一、设计前的准备

成衣设计在开展设计工作前应该做一系列的准备工作，通常会根据设计的要求，采用主题定位、资料收集、市场调研和分析研究的步骤加以完善落实，最终为理想的设计创造提供非常有益的引导和帮助。

（一）主题定位

主题，是服装设计素材选取的核心部分，更是服装设计作品中思想内涵的集中反映。主题定位对成衣设计的开展是非常重要的，它使设计师有了设计的思维基础、有了切入点、有了方向。也就是说，建立在主题定位基础上的成衣设计，设计师才能围绕该主题展开相关的设计形式构想，最终使设计的主题明确、风格统一。

成衣设计的主题，从大方向来说，可以从文化主题、历史主题、民族主题、季节主题、战争主题、运动主题、环境主题等方面来考虑，并在这个大主题下再从多方面、多角度来思考，设计的方向会更好把握。如文化主题，可以考虑相关的传统文化、哲学观念、现代思潮、审美情趣等，表现出设计师对社会发展、人类生存的广泛关注和对文化的深刻理解和领悟；历史主题，可以选择历史上某个重要时期的建筑或衣着风格特征作为设计依据和素材，引发人们对历史的关注和回忆，唤起人们的复古怀旧的情结；民族主题，相关的民族服饰图案、色彩、款式以及民族建筑、工艺品等作为民族元素，为现代服装设计提供了丰富的素材和内容，具有强烈的传承价值和民族内涵；季节主题，春去秋来，寒来暑往，每个季节都有它特定的自然美，并在人们心中始终是一个永恒的象征。设计师多从自然色彩中提炼，烘托出人类热爱生活、热爱自然的炽热情感；战争主题，由于战争时期对男装和女装的发展都有重要的推动作用，设计师多从军服造型中获得设计灵感，以表现人坚强、勇敢、健康的一面，同时也引发人们对战争与和平的关注和思考；运动主题，运动是生命活力的表现，近年来运动已成为一种非常时髦的生活方式，运动主题的设计非常盛行，表露出人们对健康、对生命的重视；环境主题，科技的进步带来的是环境的恶化，其直接表现是森林面积的缩小，极端气候的出现等，设计师以此为设计灵感，加强人们对环境保护的认识，唤起人们对未来生存危机的思考等等。（图4-1）

需要说明的是，主题定位的形式要以文字或图片表现出来，文字表现比较概念、抽象，想象空间较大，有利于设计的发挥，但也容易导致方向的不确定性；图片表现比较直观、明确，但设计想象范围相对较小。所以，以文字和图片二者相结合，才能更好地表现主题思想。（图4-2~图4-4）

▲ 图4-1 主题构想

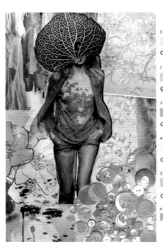

图4-2

▲ 图4-2、图4-3 主题定位的形式以图片和文字来表现

▲ 图4-4 主题定位有利于设计思想的表现

禄劝彝族围腰

德宏傈僳族胸饰

新平傣族胸饰

潞西傣族胸饰

▲ 图4-5、图4-6 图片资料收集

（二）资料收集

主题定位明确后，在实施具体设计之前，还必须进行有针对性的资料收集，目的是便于指导设计的开展，使作品尽可能达到所期待的满意程度。因此，资料收集是开展设计前必不可缺的准备工作。

资料收集主要包括相关的文字资料收集和图片资料收集。文字资料收集可以是与设计主题相关的信息介绍、最新的文化动态、最新的文化思潮、最新的纺织科技成果、重大时事动态，以及相关设计论文、记录、文献等；图片资料可以收集与设计主题相关的照片、影像等。不管是文字资料还是图片资料，都应该注重原始的、第一手资料的获取，第一手资料会让设计出的作品更有个性和原创性。如定位于民族主题，设计师通过亲自采风进行影像记录和文字记录，获得珍贵的第一手资料，这很可能给设计师带来无限的灵感，成为创造崭新形态的有力依托。（图4-5~图4-8）

（三）市场调研

市场调研是进行设计构想的主要依据，也是保证作品投入市场创造利润最有效的手段之一，也就是说，市场调研的主要目的是把握设计与消费的结合点。所以，设计师在开展具体设计之前，要认真进行市场调研，并且做到详细而周到。

市场调研的具体方法有很多种，包括访问法、问卷法、观察法、深度访谈法、二手资料收集分析法等等。这些方法都有利于设计师更有效地、更快速地提炼信息。

▲ 图4-7 收集与民族主题相关的图片资料

▲ 图4-8 设计师通过亲自采风来获得第一手原始资料

做市场调研首先要确定调研的地点，相关的许多成衣销售地点，如商场、专卖店、市场等等都可以开展调研；接下来要明确调研的对象，调研的对象可以分为三类人群，一是相关的专业人士，如服装设计专家、学者或营销专家；二是卖方人群，如商场的经理、柜台营业员等；三是消费者。最后要制定调研内容，调研内容既可以图片整理的形式表现出来，也可制定一个表格，图片形象、直观、明了，表格有利于开展下一步的分析研究。主要包括产品类型、产品价格、产品种类、产品风格、产品款式结构、版型特征、工艺特点、流行色、流行时尚元素、产品流行原因、消费者结构成分及影响消费者购买的因素等等。（图4-9~图4-13）

（四）分析研究

分析研究是将收集的资料或市场调研的内容带回整理进行分析处理，最后找出问题或得出结论，这些问题或结论在产品设计中起着重要的参考和借鉴价值。分析研究也是服装企业做新季度产品开发的必要途径，前面经过对市场的调查和观测后，接下来设计开发的新季度产品才能得到更好地把控。

通常情况下，可以从横向比较或纵向比较两个方向来进行分析，如将本地的同类服装产品进行横向和纵向比较，分析其中的共同点和差异点，找出问题所在，特别是对已经为大部分消费人群所接受和认可了的时尚元素，应该进行充分的挖掘和了解，尤其要了解竞争品

图4-9

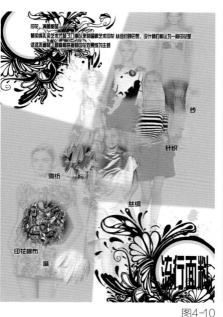

图4-10

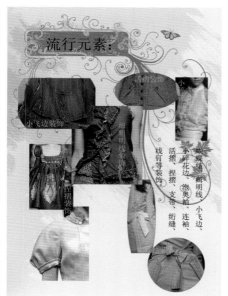

图4-11

图4-12

	品牌1	品牌2	品牌3	品牌4
调研时间、地点				
产品类型				
产品价格				
产品风格				
关键款式				
关键面料				
关键色彩				
工艺特点				
适合人群				
总结说明				

▲ 图4-9~图4-12 市场调研内容以图片整理形式表现（石超）

▲ 图4-13 市场调研内容以表格形式表现

牌，树立自己的目标品牌，调整自身设计，提升设计空间。

分析研究还可以针对1~2种典型的同类产品开展，如将它的款式结构、版型特征、材料工艺特点、色彩图案运用等具体问题进行深入而细致地分析，可以列表形式展现，使人对研究成果一目了然，从而从中找出存在的问题，更好地吸取优点。设计师在此基础上结合自身特点提出方案和构想，考虑设计的总体可行性，制定出相应的总体设计方案，最后以趋势预测的形式展现出来。

趋势预测包括流行趋势、消费心理、购买力的预测，这有利于提前做好新产品的研究与开发，确定生产计划，在设计定位中为设计者提供更多的参考内容和数据指示。趋势预测的内容大体上包括流行款式趋势、流行色彩趋势、流行色调趋势、流行面料趋势、流行风格趋势等。趋势预测报告可以图片形式展现，它的直观性便于指导设计的逐步深入与开展。（图4-14~图4-17）

▲ 图4-14、图4-15 2013年色彩流行趋势预测

4 二、设计手法的确立

设计前的准备工作做好后，就要确立设计的手法，设计手法从某种意义上来说，也可以指一种创造方法，它需要设计师具有极强的创新意识，同时站在独特的思维角度，结合设计要求、运用设计语言、按照一定的设计规律，通过对构成服装的各元素进行各种变化或重组来完成服装的创造。设计师既可以将这些手法进行单独的理解和实践，也可以将这些手法综合起来，灵活运用。

（一）解构设计

"解"，从字面上可理解为"分解、拆解"，"构"字为"结构、构成"的意思。解构就是根据成衣设计的需要，通过分解原有完整的形、色、质，或者打破原有完整结构的服饰形态，再将其重新组合的一种手法。其实质就是对原有的或常见的传统意义的服饰形象进行破坏再创造，是一种促进原有服饰形象向新服饰形象转化并获得意义的有效设计手法。

▲ 图4-16、图4-17 2012年春夏男装流行趋势主题预测

图4-18

图4-19

图4-20

图4-21

▲ 图4-18～图4-21 对服装结构的解构(Rick Owens)

图4-22

图4-23

▲ 图4-22、图4-23 通过染的手段改变面料外观的解构手法
（Nicole Miller 2013年美国春夏发布）

解构设计的设计手法在成衣设计中的作用非常重要，它需要不断探索或形成新的视觉元素，也需要不断尝试各种新的组合关系，目的在于产生一个具有某种意义的新的服饰形象。解构设计有很多种方法，包括对服装结构的解构、对服装面料的解构、对服装色彩的解构、对服装图案的解构、对服装穿着方式的解构等。

对服装结构的解构需要巧妙改变或转移原有的结构，大胆打破传统审美，运用折叠、披缠、倾斜、倒转、波浪、弯曲、反向等手法，力求避免再出现常见的、对称的、完整的结构，使之呈现出不规则的、自由的、松散的、运动的、模糊的或非形式的结构设计特征。（图4-18～图4-21）

对服装面料的解构是将服装原有面料进行重新改造，根据设计需要改变原有面料的外观，形成立体的、具有特殊新鲜感的设计效果，主要通过剪、缝、编、织、染、烫、撕、拉、拼、绣、镂空、热压、抽纱等手段来完成。（图4-22～图4-25）

图4-24

图4-25

图4-26

图4-27

图4-28

图4-29

▲ 图4-24、图4-25 通过剪、拼处理手段改变面料外观的解构手法（Gucci 2010年春夏米兰）

▲ 图4-26、图4-27 对服装色彩的解构：强调色彩的无序变幻（Vivienne Westwood 2012年秋冬巴黎）

▲ 图4-28、图4-29 对服装色彩的解构：采用色块组合来增添服装的意趣（Aquascutum 2012年秋冬伦敦）

对服装色彩的解构表现为反传统的、反和谐的配色方法，一反过去统一的色调，以大胆运用大面积的对比色、细小而复杂的色块组合，或强调色彩的明暗和无序变幻，来产生奇异怪诞的效果，以显示服装生动活泼的趣味性、戏剧性，增添服装的无限意趣。（图4-26~图4-29）

对服装图案的解构表现为对已有的传统图案的分解、打破形成支离破碎的形态后，再进行再创和整合，给人独特的视觉感受。（图4-30~图4-33）

对服装穿着方式的解构是对传统着装方式的挑战，具体表现为反穿、倒穿、内衣外穿、内长外短、不分季节乱穿、层叠无序地穿，充满了浓烈的个性化与反叛性。（图4-34~图4-37）

总的来说，解构设计手法突破了传统思维的模式，设计师们通过这种方式破除传统、不断颠覆，最终演绎出了千变万化的服装艺术形式。

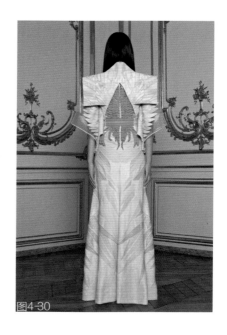

图4-30

▲ 图4-30、图4-31 对已有的传统图案分解后再整合的解构设计手法（Givenchy 2011年春夏高级定制）
▲ 图4-32、图4-33 对服装图案的解构表现（Givenchy 2012年秋冬巴黎）
▲ 图4-34、图4-35 充满了浓烈的个性化与反叛性的服装穿着方式的解构
（Comme des Garcons 2012年秋冬巴黎）
▲ 图4-36、图4-37 对传统着装方式的挑战的穿着方式的解构（A.F. Vandevorst 2012年秋冬巴黎）

（二）借鉴设计

借鉴设计是以参考为手段，结合设计师个人的设计思想，为作品注入新的生命力的一种手法。成衣设计中，借鉴手法的确立，容易在参考物中获得创意灵感，设计作品也容易使人产生趣味性的联想。

如可以在民族民间传统服饰中找到借鉴的内容，从其丰富多样的款式结构中能发现款式的长短关系、内外上下的组合关系、结构的变化关系等等，它们具有的对称或不对称形式、夸张的外形、对节奏的运用都是服装设计中不可缺少的形式美法则；民族民间传统服饰那些绚丽的色彩、其主次关系的把握、艳丽与深沉的运用方式给许多设计师带来了设计的灵感；还有传统服饰上许多斑斓厚重的图案，其图案本身就很完美，再加上很多图案不仅成熟而且还有着深厚的历史传承和文化内涵，这也成为设计师们灵感的源泉；不能忽略的是，传统服饰上那些精湛的传统工艺技法都是值得借鉴的，全手工完成的染、织、缝、编等技法让本来单一的面料变得多姿多彩，它那朴素的制作观念和独特的制作技巧始终是现代成衣设计中不可或缺的一种方式。当然，其他还可以借鉴诸如绘画、书法、雕塑、建筑装饰等的艺术表现手段、虚实关系、装饰形式、造型构成等，只要设计师创造性地运用所借鉴的设计元素，设计就不会流于表面形式。

需要注意的是，借鉴设计不是简单的照搬挪用，而是需要打破参考物中不适应现代生活的形式，突破我们对参考物的具象认识，抽离出参考物的本质精神，提取设计元素进行再创造。（图4-38~图4-41）

（三）仿生设计

仿生设计主要是模仿或吸纳自然界中的动物、植物、建筑物及社会生活中一切立体物的造型、结构、色彩、意象因素等的一种设计手法。成衣中常见的如燕尾服、蝙蝠衫、鸡心领、马蹄袖、荷叶边、灯笼裤、喇叭裙、鸡冠帽、虎头鞋等等造型就是通过在模仿基础上创新实现的。现阶段，仿生设计的手法运用是广泛多样的，不但涉及物体的外形、结构和用色，同时还涉及了功能和使用。因此，仿生设计需要设计师对自然生活、社会生活有着独到的理解，再结合一定的造型能力和想象力，才能为服装设计带来更好的艺术创意。

成衣设计中，运用仿生设计的手法，可以通过直接模仿和变化模仿两种方式来实现。直接模仿的设计，容易获得生动丰富的效果，具有直观、明了、富于想象的优点，如郁金香形的礼服裙；变化模仿的设计，能形成新颖的视觉感受，可

 图4-38
 图4-39
 图4-40
 图4-41

▲ 图4-38、图4-39 创造性地借鉴了东方瓷器，并将其作为设计元素运用于现代时装（Mary Katrantzou 2012年秋冬伦敦）
▲ 图4-40、图4-41借鉴绘画艺术表现手段，使人产生趣味性的联想（Stella Jean 2012年春夏米兰）

以增添无限审美情趣，从而使设计产生新的含义，如模仿鸟兽皮毛的肌理而设计出有变化效果的面料的应用。总的来说，仿生设计的关键是要灵活，不能生搬硬套，在抓住原型的基本特征的同时要把握其内在神韵，再结合服装的基本性质来开展，避免造成不协调的生硬感。

图4-42~图4-44设计师注重了海底生物贝类的特点，模仿贝类外壳形态，制造出特殊的纹理，给人们带来丰富多元的视觉体验。

图4-45~图4-52是设计者观察到池塘里荷叶形态的美，模仿荷叶的形态设计出的这一系列作品，将各种姿态的荷叶巧妙运用于服装中，并注重"荷叶"边缘的各种卷曲、翻转状态、"叶脉"分布稀疏关系等，丰富了设计作品的艺术感染力。

图4-42

图4-43

图4-44

▲ 图4-42~图4-44 模仿海底生物造型设计的系列服装（设计师：刘珊珊）

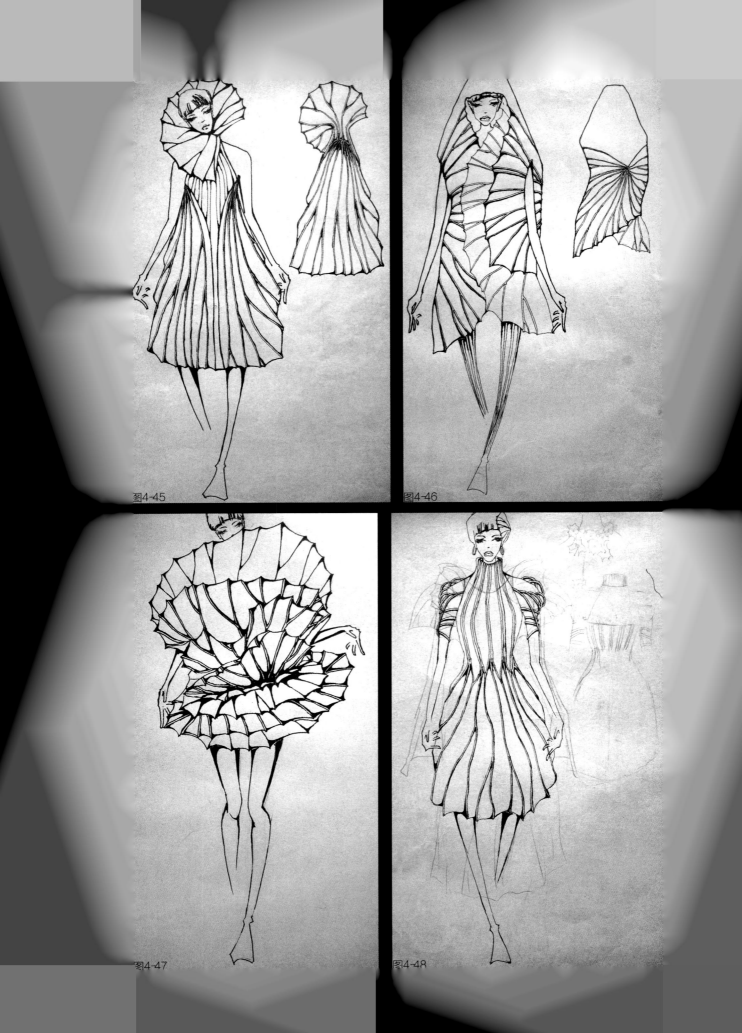

图4-45

图4-46

图4-47

图4-48

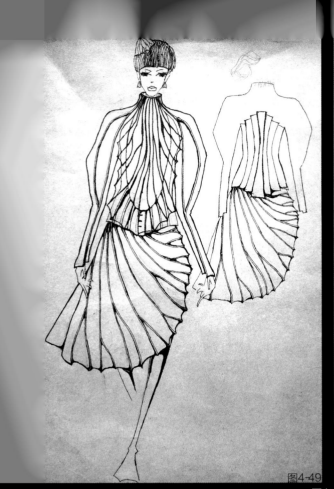

图4-49

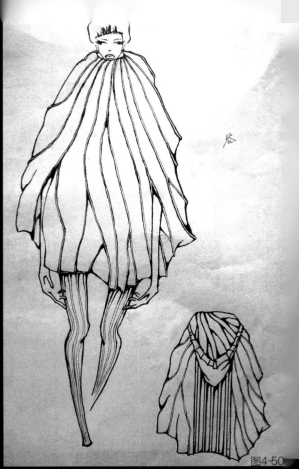

图4-50

▲ 图4-45～图4-50 模仿荷叶造型的设计手法图稿（设计者：谷云）

图4-51

图4-52

图4-51　图4-52 模仿自然界中荷叶造型设计的服装（设计者：谷云

（四）逆向设计

逆向设计立足于从事物的反面或对立面进行分析，把事物的状态或特性推到反面或极限，以找到新的突破口的一种设计手法。在成衣设计中，逆向设计手法的确立，能引发设计师的设计灵感，创造性地解决设计中的问题，从而使设计作品更具创意和个性。

设计中运用逆向设计的手法，可从多个角度开展，如从服装造型上考虑，可以打破传统观念中按人体造型结构进行服装立体造型的模式，修改一直以来时尚界认为时尚的搭配或比例。例如，将一些完全不同类的造型元素组合在一起，运动型的口袋搭配优雅的礼服、袖笼位置的倒置等等，能在不同程度上拓宽设计的方向，指引人们从更多角度去感受服装本身带给人的美感。如从服装材料上考虑，可以打破传统服装面料的运用规则，背离面料的传统表现方法。例如，像麻绳、金属材料、塑胶模制品等，这些平常不被人们作为服装材料所接受的普通物体一旦被赋予全新概念后，能极大地扩展服装面料的内容，给人们以全新的视觉效果，为个性设计提供更加广阔的空间。又如从服装图案上考虑，可以打破传统图案的运用法，结合电影、电视、杂志、DVD等载体的图像素材来设计图案，也可以违反传统审美的要求，设计出与常规相悖的图案内容，扩展服装图案的范畴。总之，逆向设计的手法往往带有浓郁的个性特色，给人深刻的印象和冲击力。（图4-53～图4-58）

图4-53　图4-54　图4-55　图4-56　图4-57　图4-58

▲图4-53、图4-54 军装元素的皮带或口袋搭配优雅的礼服，诠释了现代女性新形象（Alexander McQueen 2012年秋冬巴黎）

▲图4-55、图4-56 打破传统面料或材料的运用规则的设计手法给人深刻的印象
（Haider Ackermann Comme des Garcons 2012年秋冬巴黎）

▲图4-57、图4-58 背离面料的传统表现方法，故意将各种不平整的面料拼接在一起，给人全新的视觉效果
（Comme des Garcons 2012年秋冬巴黎）

4

三、设计构思 的表达

我们知道，服装设计是一个以主题为核心，并围绕主题开始设计的过程。在这个过程中，设计的构思需要以一定的方式表达出来，设计构思的表达不仅仅是我们通常理解的画设计效果图，它具体表现为从设计草图到设计效果图，再到设计款式图，直至设计结构图的完善过程。这个过程实际就是要求设计师具有从平面到立体、从整体到局部的形象思维能力，这样设计构思的表达最终能成为设计产品效果的重要依据和具体保证。

（一）设计草图

对设计师来说，设计构思过程中会遇到两种情况，一种情况是当思维一旦打开，就有一种迫不及待要将感受表达出来的愿望，而这时还有很多细节没有完善，还需要仔细推敲；还有一种情况是感觉已经胸有成竹，需要快速拿出图纸来印证自己的感觉。这些情况其实都可以通过设计草图来解决。设计草图

▲ 图4-59 充分表现设计师设计构思的设计草图

图4-60

图4-61

▲ 图4-60、图4-61 设计草图

可以表达设计师设计构思的思维变化、设计演变，如从感性来源到理性推敲的设计演变，也可以是实际想法的部分或全过程，甚至可以表达出设计师设计构思的结果。

设计草图的特点是以表现自我创意思想为主，不要求太过具体、准确、规范，笔触可随意而自然，技巧处理不拘小节，只追求整体感觉，还可结合文字或符号进行综合分析表达。设计草图阶段通常为拓宽下一个阶段的设计想法、深入并提炼出较为理想的设计图稿做出很多尝试，有的设计师将草图画得可能只有自己才看得懂，但都没有关系，接下来的设计效果图才是让所有人都看得懂的表达方式。（图4-59~图4-61）

（二）设计效果图

设计效果图也可以称为时装画，它强调把设计构思的服装式样，通过艺术的夸张处理后，来呈现出模特着装的纸面效果、款式特点、面料组合、装饰部位、基本的材料质感和标准色彩，使我们能直观地感受设计。另外，设计效果图为突出主题，需要注重整体氛围的营造，因此画面情绪感浓重，这也是设计效果图与设计款式图最大的区别。（图4-62、图4-63）

设计效果图虽然要经过艺术的夸张处理，但必须注意表现出的最后着装效果要符合心中的设计构思。因此，一方面，设计效果图需要注重模特人体动态与服装款式的协调，选择适合服装款式设计的最佳姿态和表情；另一方面，设计效果图要注意选择最适合所设计的服装款式的绘图方式，如手绘、电脑绘制，或手绘与电脑绘制结合等。（图4-64~图4-68）

▲ 图4-62 设计效果图（设计者：张振国）

▲ 图4-63 设计效果图（设计者：谢珊珊）

▲ 图4-64 手绘设计效果图（设计者：陆影影）

▲ 图4-65 手绘设计效果图（设计者：胡兰）

▲ 图4-66 浩沙杯第七届中国泳装设计大赛金奖作品效果图（设计师：刘珊珊）

▲ 图4-67 手绘与电脑结合绘制的设计效果图（设计者：单丽欣）

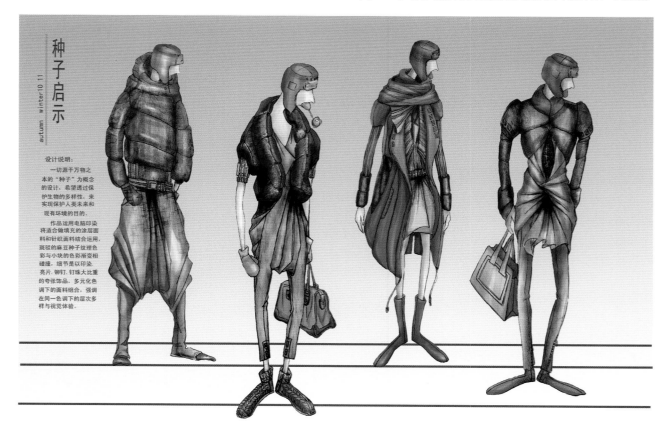

▲ 图4-68 手绘与电脑结合绘制的设计效果图（设计师：张凯）

▲ 图4-69 设计款式图（设计者：黄帅）

▲ 图4-70 款式设计线描图（设计者：魏征）

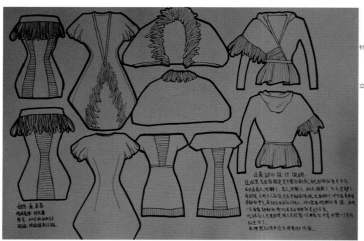

▲ 图4-71 款式设计线描图（设计者：孟亚芬）

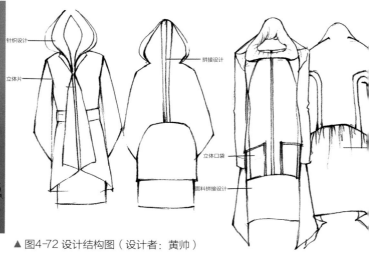

▲ 图4-72 设计结构图（设计者：黄帅）

（三）设计款式图

成衣设计款式图是设计师设计构思的具体表现，是制版、样衣制作、修版和生产的参考，主要以线描的形式表达出来，也可以着色形式表达，主要包括服装的正面款式图和背面款式图、服装饰品的款式图。

其中服装的款式图要注意正背面的组成结构、省位变化、纽扣的排列关系，口袋的准确位置，褶皱的处理，面料的运用等。而服饰品的款式图也非常重要，服饰品是保证着装整体效果的重要组成部分之一，它包括帽子、围巾、手套、项链、手镯、戒指、领带、皮带，各种样式的手提包、挎包、鞋子等等。设计款式图不仅要画出相对准确的廓形和内部结构，还要对某些工艺做出详细说明，如丝网印花、手工刺绣、电脑机绣、手工缝纫、镶拼工艺、编织工艺等等，有特殊要求或有必要的话，应当标明相应的工艺流程和技术规范，只有将设计做到准确的表现，才能使设计构思得到完整体现。（图4-69~图4-71）

（四）设计结构图

设计结构图是在设计效果图的基础上对构成设计款式图的具体表现，它既是版型完善的依据，也是工艺实施的保证。它要求所绘制的图要按实际、按比例缩小，以能适合设计图纸大小并清晰为准，同时注意线条的运用，一般来说，粗线条用于表达外轮廓结构，细线条用于表达内结构，特别是细节的地方要具体而清楚，有必要的话可在一旁标出大样，即放大示意图。（图4-72~图4-74）

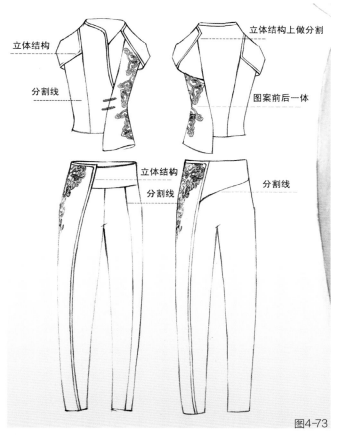

立体结构

分割线

立体结构上做分割

图案前后一体

立体结构

分割线

分割线

图4-73

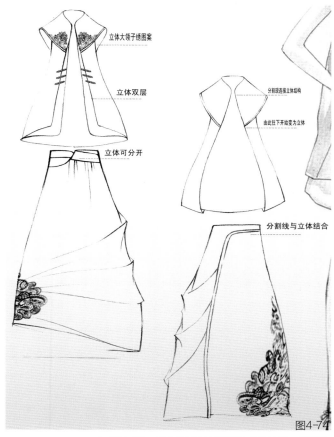

立体大领子绣图案

立体双层

立体可分开

分割线连接立体结构

由此往下开始变为立体

分割线与立体结合

图4-74

▲ 图4-73、图4-74 设计结构图（设计者：张萌）

4 四、设计成品的实现

　　成衣从构思到实物，需要经历复杂的过程。首先设计构思通过设计师的构思，画成草图，然后勾画出款式图，有的公司还要绘出效果图。打版师按照款式图打版并放码。

　　样衣工依照工艺单的要求进行样衣的试缝，并摸索出一条适合工业化生产的简化并且规范的制作方式，然后让其他制作者按照样衣的标准进行大货制作。（图4-75）

（一）定款

　　成衣的构思画成款式图后，决定哪些款式可以生产，哪些款式需要修改，哪些款式不能生产就叫定款。定款一般由设计总监来执行。在定款时，设计师需要理清楚自己的设计思路，以便使设计总监更好的理解设计想法，这样有利于更多的款式可以生产。

　　当然定款也是探讨款式是否合理的必然阶段。设计总监和设计师一方面探讨这个款的风格是否和公司的风格匹配；同时也要讨论面料的运用是否是选择了最佳表达效果的面料；成本利润比例是否合理；流水制作是否可行；预期市场的反应是否会良好；该款设计是否符合当今潮流等。

　　通过设计总监的审稿，对于新

▲ 图4-75 样衣制作

手来说，可以进入下一个程序的款式并不多。剩下的款式和按照设计总监批复的意见修改好的款式便可以进入到样板通知单的制作。

（二）制单

制单就是绘制样板通知单，也叫样板制造单。它是指导打版和制作的依据。它的格式在各个公司因为要求不同而有所差异。

样板制造单大致包括如下内容：

1. 服装企业的名称

题目上列出服装企业的名称。

2. 设计号、款号、款式

设计号和款号的明确，有利于保存和管理，同时有利于打版与制作过程中的有效沟通。

3. 面辅料明细及样板

面辅料的信息包括物料名称、颜色、用料用量、所用部位、供应商信息等。

4. 款式示意图或图样

款式示意图通常要画出正、背面款式图，绘制要清晰、比例恰当、表达准确，根据款式的实际需要，有的要画出侧视图。

5. 款式尺寸

各公司尺寸标注标准有些许差异，一般情况下款式里面涉及的尺寸在尺寸表里面都要有标注。

6. 款式色彩

有的款式可能有几个色，有的款式可能有几个色搭配在一起，设计者要根据实际情况填写。

7. 备注

常在备注里面对款式的具体要求做特别的说明，有利于打版师打版或跟单员的协作。

8. 落款

标注设计时间、设计师名称以及打版师、跟单员、审批人等相关人员的姓名备查，是款式存档的基本要求。有的款会多次返单，这样就可以根据落款快速的落实相关人员。（图4-76～图4-79）

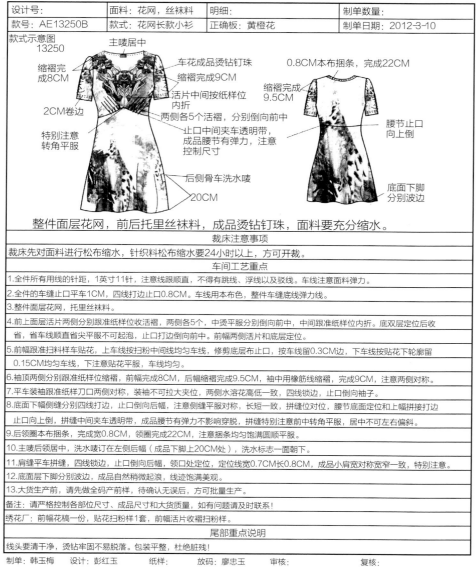

▲ 图4-76 绣花工艺单

富励佳服装有限公司生产制造单

设计号：	面料：花网，丝袜料	明细：	制单数量：
款号：AE13250B	款式：花网长款小衫	正确板：黄橙花	制单日期：2012-3-10

款式示意图：

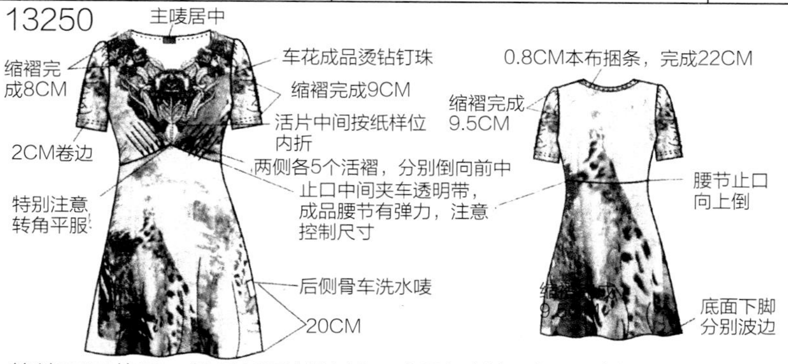

13250
主唛居中
缩褶完成8CM
2CM卷边
特别注意转角平服
车花成品烫钻钉珠
缩褶完成9CM
活片中间按纸样位内折
两侧各5个活褶，分别倒向前中
止口中间夹车透明带，成品腰节有弹力，注意控制尺寸
后侧骨车洗水唛
20CM
0.8CM本布捆条，完成22CM
缩褶完成9.5CM
腰节止口向上倒
底面下脚分别波边

整件面层花网，前后托里丝袜料，成品烫钻钉珠，面料要充分缩水。

绣花程序

弹力色丁 ——→ 烧花厂

绣花用料

用料名称	颜色	单件用量	合计用量	本厂提供或客供	绣花方法	备注
领花		1个		雅源		
▲水溶花仔		4个		雅源		
弹力色丁	杏色	145封*0.8CM个		本厂		
色丁烧花瓣	杏色	4个		烧花厂		

1. 绣花按花稿绣花平服，绣线跟准绣色板不要跳线、脱线、断线、底线外翻，不要渗透油渍到绣花贴纸上，保证绣花截片不要有污渍。

2. 水溶花线迹均匀美观，线迹紧密，不翻底线。

3. 绣花平服不脱色，两侧对称。

制单：韩玉梅　　设计：彭红玉　　纸样：　　放码：廖忠玉　　审核：　　　复核

▲ 图4-77 服装生产制造单1

富励佳服装有限公司生产制造单

设计号：	面料：花网，丝袜料	明细：			制单数量：		
款号：AE13250B	款式：花网长款小衫	正确板：黄橙花			制单日期：2012-3-10		

尺寸表与度量方法（公分CM）

部位（度量方法） ╲ 尺码	3	4	5	6	7	8	9	公差	备注
后中长（后领中至下摆）	79	79	80.5	80.5	82	82	82	±0.5	
肩宽（高点至高点）	27.5	28.3	29.1	29.9	30.7	31.5	32.3	±0.5	
胸围（骨至骨）	82	86	90	95	100	105	110	±1	
腰围（骨至骨）	71	75	79	84	89	94	99	±1	
下摆（弧量）								±1	
5分袖长	29	29	29	29	29	29	29		
袖口	29	30.2	31.4	32.8	34.2	35.6	37.		
后领圈捆条完成	←			22			→		
袖中缩褶完成	←			9			→		
袖顶前幅缩褶完成	←			8			→		
袖顶后幅缩褶完成	←			9.5			→		

绣花厂注意事项

绣花位置要准确，绣花整齐，绣线松紧适宜，不要起皱，绣线颜色跟足绣线板，不要跳线、脱线、断线，不要渗透油渍到绣花贴纸上，保证绣花裁片不要有污渍。

钉珠厂注意事项

所有用珠要同板一样。手工钉珠牢固，线头清剪干净，反面打结线头长不大于0.2CM。

外协厂注意事项

1.凡与本公司合作的所有外协加工厂，请务必在两天时间内核对好面料、辅料。

2.所需更换的辅料及次片（不包括人为损坏）请务必保存交至本公司，我方可换补，否则将按成本扣回相应款项。

3.如有疑问，请致电我公司，或者与跟单人员联系，否则视为默认。

制单：韩玉梅　　设计：彭红玉　　纸样：　　放码：廖忠玉　　审核：　　　　复核

▲ 图4-78 服装生产制造单2

富励佳服装有限公司生产制造单

设计号：	面料：花网，丝袜料	明细：		制单数量：
款号：AE13250B	款式：花网长款小衫	正确板：黄橙花		制单日期：2012-3-10

面料（辅料）明细及样板

物料名称	颜色	本厂编号	用料用量	所用部位	供应商信息
花网	黄橙花		145封*150CM	整件面层	面料充分缩水
丝袜料	杏色		145封*100CM	托里	面料充分缩水
领花	杏红		1个		雅源EC1082
水溶花仔	红		4个	前幅	雅源EC1082-6，外发钉珠厂
弹力色丁	杏色		145封*0.8CM	烧花	面料外发烧花
色丁花瓣	杏色		4个	前幅	外发钉珠厂
大烫钻	矿灰		62个	前领花，腰节	按大码计算
小烫钻	矿灰		52个	前幅	
橡筋线			20CM	袖中	
透明带			0.5*110CM	腰节止口	
线	配色				
主唛		1个			
洗水唛		1个			
吊牌		1套			
包装袋		1个			

备注：所标用料用量按7码计算的

制单：韩玉梅　　设计：彭红玉　　纸样：　　放码：廖忠玉　　审核：　　复核

▲ 图4-79 服装生产制造单3

（三）制版

样板制作单完成后，设计总监审阅签字，便进入了制版阶段。设计师通常亲自把样板通知单交给版师，并与版师沟通款式的特点、细节和制作要求。制版阶段需要设计师的密切配合和关注，这样版型才能很好的诠释设计师的意图。

（四）制样

制样就是样衣制作。版师按照和设计师的沟通以及样板制作单的要求完成版型后，需要样衣的检验，看是否能够批量生产、细节是否需要改进等。通常首件样衣制作完成后，或多或少的会存在一定的缺陷，这就需要试衣改版。

试衣改版就是由试衣员试穿，设计总监和设计师一起观看效果并提出修改意见。

（五）批量下单

样衣修改至理想效果后，由销售或设计部门、老板确定下单做大货。（图4-80）

▲ 图4-80 成衣设计作品系列样衣（设计师：张凯）

五、单元教学导引

目标

本教学单元教学主要是成衣设计的过程与方法，包括四个环节：设计前的准备，设计手法的确立，设计构思的表达，设计成品的实现。通过本教学单元的教学，使学生了解并掌握成衣设计的方法步骤，这对以后从事成衣设计工作的学生来说是十分必要的，能为今后顺利进入本专业的学习和工作打下坚实的基础。

要求

本教学单元通过多媒体教学的方式，图文并茂，通过案例的介绍增加学生对成衣设计过程、设计手法的认识和了解。教学中，可以把成衣设计的手法确立和设计构思的表达分成两个小的专题，设计手法的确立注重理解，而设计构思的表达则强调手脑结合的能力。

重点

本教学单元的重点是设计构思的表达，学生应具备一定的美术基础，在此基础上掌握服装人体与着装状态的关系，有利于熟练进行设计效果图的表现。

注意事项提示

在本教学单元的学习中，教授多采用图示化的教学方式，结合更多设计的经典范例作品来形象地分析，还应该强调学生的动手能力和创造力的结合，鼓励学生在遵循设计原则的前提下充分而大胆地发挥自己的创造力。

小结要点

本教学单元是成衣设计思想与实践的结合。其中，成衣设计前的准备要让学生快速理解，并付诸实践；设计手法的确立这小节也比较重要，是思维训练的重要方式；设计构思的表达这小节需要学生多观摩和练习；最后设计成品的实现可以让学生通过实践调查进而认识理解。

为学生提供的思考题：

1. 成衣设计前需要做哪些准备工作？
2. 所谓借鉴设计在设计中起什么样的作用？如何才能引申出有价值的设计内容？
3. 设计手法主要包括哪些方式？如何在设计中体现出来？
4. 设计构思的表达包括哪些内容？具体要求是什么？

学生课余时间的练习题：

1. 主题定位后进行资料收集。
2. 开展市场调研，分析研究后拿出调研报告。
3. 查找收集服装的各种设计手法，并分析其特点。
4. 服装人体动态图、设计快速表现练习。

为学生提供的本教学单元的参考书目及网站：

《服装流行趋势调查与预测》吴晓青 编著 中国纺织出版社
《时装设计元素：调研与设计》（英）希弗瑞特 著 中国纺织出版社
《服装时尚元素的提炼与运用》苏永刚 编著 重庆大学出版社
《时装设计：过程、创新与实践》（英）麦凯维，玛斯罗 著 中国纺织出版社
穿针引线服装网：http://www. eeff.net/
中国服装：http://www.efu.com.cn/fashion/

本教学单元作业命题：

1. 下一季度流行趋势预测报告，分别从流行色、流行款式、流行元素等方面进行分析。
2. 自由选择一种设计手法，并用效果图方式表现出来。

作业命题的缘由：

开展流行趋势预测的方式，训练学生敏锐捕捉流行动态的各种信息，加深对流行的理解和运用。结合设计手法进行效果图表现，培养学生设计与表达的能力。

命题作业的实施方式：

采用课内与课外相结合的方式来完成。第一题需要调研服装市场，收集信息资料，可适当安排在课外完成；第二题为保证作业的完成效果和真实度，安排在课内完成，在老师的辅导下进行。

作业规范与制作要求：

1. 第一题用表格整理完成后，配合所收集的图片，用电脑打印，注意图文清晰规整、版式美观。
2. 第二题用铅笔或绘图笔手绘完成，也可结合电脑处理效果。
3. 统一A3纸张大小，横向。

第 **5** 教学单元

成衣设计图表现

5 一、成衣款式图绘制

在成衣设计中，成衣设计款式图绘制非常重要，设计师首先要了解款式图的绘画规范，在这个基础上再掌握好款式图的绘画技法。

（一）款式图绘画规范

款式图绘画总体要求细致、准确而规范，即要做到以下几点：

1. 线条肯定有力、干净利索，注意区分外形与内结构的关系。（图5-1）

2. 服装的大体轮廓特征准确并符合比例（如A形、H形、T形、X形、O形等廓形或其他物象型的特征及长与宽的比例）。

3. 服装的整体与局部比例以及局部与局部的比例要注意准确标示（如口袋在整个服装中所占的大小或位置比例关系、口袋与衣领或其他零部件之间的大小或位置比例关系）。

4. 服装的细节表现要具体、清楚、翔实并符合现实比例关系（如服装省道线、装饰线的位置和长短、不同褶皱的疏密与处理效果、装饰图案的大小与位置、工艺技法的特征等等）。（图5-2）

▲ 图5-1 线条肯定有力、干净利索，注意区分外形与内结构的关系的款式图绘制（设计者：李水仙）

▲ 图5-2 服装细节表现具体、清楚的款式图绘制（设计者：李水仙）

（二）款式图绘画技法

款式图绘画不同于效果图绘画，它不需要表现模特着衣的效果，也不需要强烈追求和渲染艺术效果，但在绘制成衣款式图时，在保证款式准确清晰的情况下，也需要将平面效果处理得当，并具有一定的艺术价值。由于成衣各类型款式众多又各具特点，我们要抓住其款式的特征进行绘制，以下按常见的主要款式类型分类并分别介绍相应的绘画技巧和方法：

1. T恤类款式图

T恤款式图通常是最基本也是最容易掌握的，T恤属于休闲类服装，其特点是外轮廓简洁、大多不收腰或微微收腰，装饰图案以印花或手绘为主，较少有复杂的手工装饰。因此在下笔绘制时最好从衣领开始，以衣领为中心分别向两旁画出袖子和衣身，在完成所需轮廓和结构线后，最后在相应的位置画出装饰图案的大效果。需要注意的是，女式T恤的一些工艺细节可以在款式图上着重表现，能丰富画面的效果。（图5-3~图5-5）

2. 衬衫类款式图

衬衫款式较多，大多以领型变化和省道变化来改变其造型，通常以省道收腰较为常见。在绘制时，依然从领部入手，这样比较容易把握左右对称效果；在完成整体轮廓线绘制后，注意准确表现纽扣、约克、省道等细节的大小和位置，再完成其他褶皱、图案的装饰。（图5-6~图5-9）

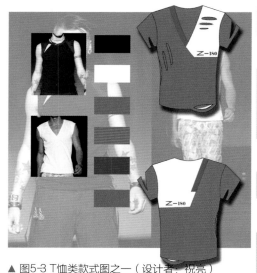
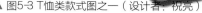

▲ 图5-3 T恤类款式图之一（设计者：祝亮）

▲ 图5-4 T恤类款式图之二（设计者：张瑜）

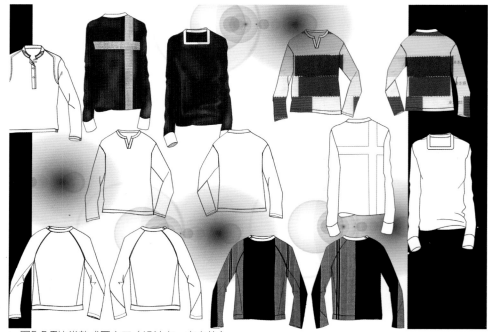

▲ 图5-5 T恤类款式图之三（设计者：李水仙）

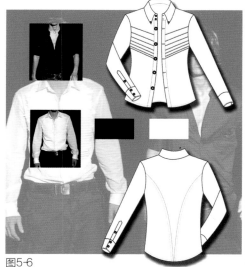

图5-6

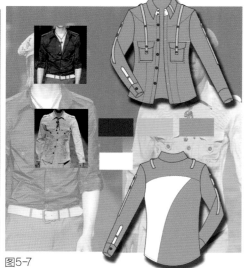

图5-7

▲ 图5-6、图5-7 衬衫类款式图（设计者：祝亮）

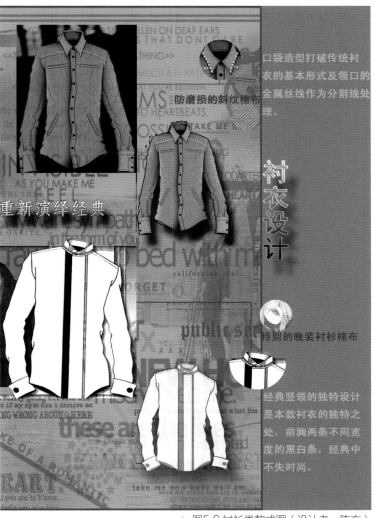

口袋造型打破传统衬衣的基本形式及领口的金属丝线作为分割线处理。

防磨损的斜纹棉布

衬衣设计

重新演绎经典

特别的晚装衬衫棉布

经典竖领的独特设计是本款衬衣的独特之处，前胸两条不同宽度的黑白条，经典中不失时尚。

▲ 图5-8 衬衫类款式图（设计者：张瑜）

▲ 图5-9 衬衫类款式图（设计者：陈方）

3. 外套类款式图

这里的外套可包括大衣、夹克、羽绒服等服装。其特点为外轮廓型简洁但内结构丰富多变，在具体表现时，可结合服装面料材质进行绘制。如大衣、夹克类外套多为挺括的面料，绘制表现时外轮廓线条要注意肯定而流畅，内结构线条细腻而精致。而羽绒服或一些棉衣类、毛衣类或皮草类服装面料个性特征比较强，要酌情处理，注意主次关系的把握，以免忽视了服装的整体效果。（图5-10~图5-15）

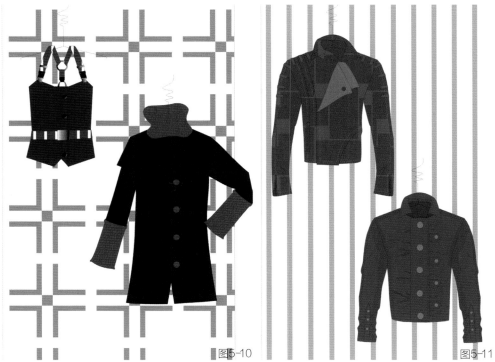

图5-10

图5-11

▲ 图5-10、图5-11 外套类款式图（设计者：张瑜）

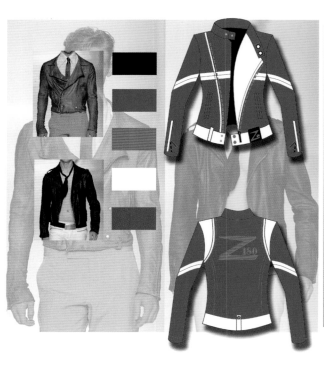

图5-12

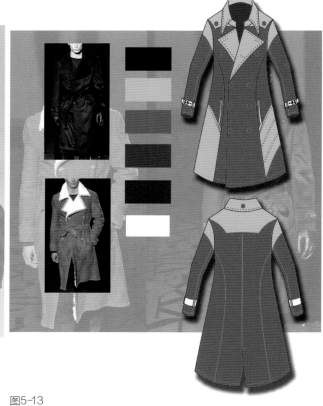

图5-13

▲ 图5-12、图5-13 外套类款式图（设计者：祝亮）

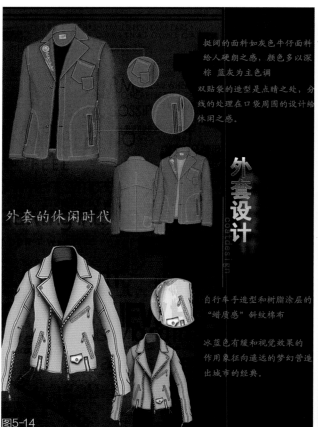

图5-14

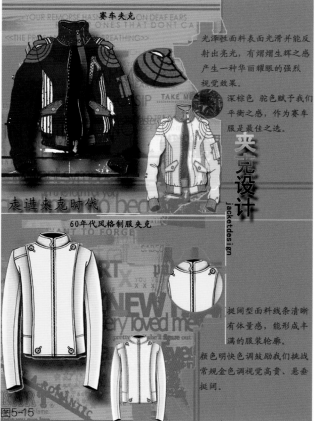

图5-15

▲ 图5-14、图5-15 外套类款式图（设计者：陈方）

4. 裙子类款式图

裙子类款式丰富多样，线条的绘制要根据服装面料的运用和工艺的处理来考虑，如绘制一条纱质、有许多细褶皱工艺的礼服裙，除了表现出纱质的飘逸感外，还要注重褶皱的走向、褶皱的方式，只有这样才能更加生动地体现出这条裙子工艺的精致和细腻感。（图5-16~图5-18）

▲ 图5-16、图5-17 裙子类款式图（设计者：朱荣佳）

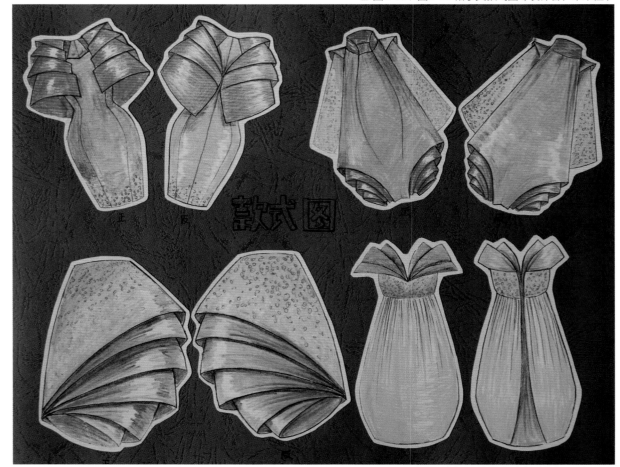

▲ 图5-18 裙子类款式图（设计者：王杨明）

5. 裤装类款式图

裤装要抓住的主要特征是腰线的高低和裤腿的大小、长短。裤腰在腰线以上时，裤装裤型在腰部有转折；裤腰在腰线上，腰部与臀部比例基本符合人体比例；裤腰在腰线下，裤腰与臀线比例缩小，裤腰越低，与臀线比例越小。其次在表现裤腿时，特别要注意裤腿的长短，裤腿长度距离膝盖的关系一定要符合人体比例。（图5-19）

6. 服饰品款式图

前面提到过，服饰品种类繁多，有鞋、帽、手套、包、首饰等等。这些服饰品虽各有各的造型和特征，但始终不要忽略一点就是服饰品是为人体服务的，是紧密贴合人的身体的，如鞋、帽和手套等。在表现这类服饰品时，首先要在熟练掌握人的脑部造型比例、手部大小比例、足的各种姿态等基础上进行"穿戴"，才能更好地表现出这类服饰品的款式。此外，包和首饰要注重细节、工艺以及比例美的处理。（图5-20、图5-21）

▲ 图5-19 裤装类款式图（设计者：李水仙）

▲ 图5-20 服饰品款式图——鞋类（设计者：刘天勇）　　　▲ 图5-21 服饰品款式图——帽类（设计者：刘天勇）

5 二、成衣效果图绘制技法

成衣效果图绘制技法主要有以下几种类型：

（一）比例法绘制

我们知道，时尚界对模特的外在形象条件有很严格的要求，他们对模特的身高、体重、三围（胸围、腰围、臀围）尺寸、上下身比例等都制定了非常严格的标准，同时局部也不容忽视，如脸型、手型、腿型、皮肤、相貌等等，因为模特以这样的形象、身材、比例出现在T台上，再配合舞台展示技巧，才能更加完美地展现服饰美。那么同样，在纸面上展示成衣效果，首先要把笔下的着衣模特表现出很好的形象、身材和比例，常用的一种方法就是采用比例法来绘制。

比例法绘制成效果图比较容易掌握，以女体为准，通常使用的比例如下：

模特身高为9个头身，即身高是头长的9倍；

肩线为头长的1/2处；

腰线为第3个头长处；

臀线为第4个头长处；

膝盖线约为第6个头长处；

肩宽约为头长的1.5倍；

腰宽略小于肩宽；

臀宽与肩宽一致或略小于肩宽；

手长至臀围线与膝盖线中间位置；

其他部位可根据服装情况自行调整，只要比例美观协调、结构准确就可以了。

熟练掌握比例法，能很好地直接表现出服装的设计效果，当然也可根据服装的个性特征，进行极大的夸张、变形来改变模特的身材比例。（图5-22~图5-24）

（二）模板法绘制

模板法绘制成衣设计效果图，即在比例法基础上，先画出模特的基本特征和结构，同时设计模特的姿势动态。当"模板"设计好后，再根据动态画出服装，服装款式和面料都会根据模特的体态而产生相

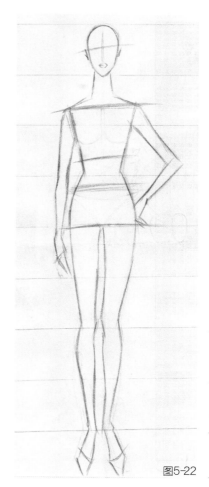

图5-22　图5-23　图5-24

▲ 图5-22～图5-24 用比例法绘制成衣效果图

应的变化，画出这些变化，效果图就会丰富生动起来。

如要先掌握常用的成年男女体模特的基本特征，女体模特基本特征为身材苗条、外形线条柔和、颈部细长、前胸凸起、腰围细、四肢修长、手脚纤细；男体模特基本特征为身材魁梧、肌肉发达、颈部粗短、肩宽臀窄、四肢粗壮、手脚大而骨骼突出。掌握了以上这些基本特征后，在画的时候要根据理想模特的比例关系来设计模特的动态，通常女体模特动态丰富多变，可选择范围大，男体模特动态把握稳健潇洒的感觉就可以。

有时候，一个模板可适合用于很多服装设计效果图的表现，是初学者容易掌握的一种方法。（图5-25~图5-29）

（三）主要工具表现技法

成衣效果图的绘制，不管用哪种工具采用相应的技法都能体现其独有的特点和表现优势，但作为设计师，要在熟悉每种工具的使用效果基础上，结合设计思想，来选择最适合展现服饰美的一种工具。常用工具主要有以下几种：

1. 铅笔

铅笔主要包括彩铅和普通的素描用铅笔。在绘制成衣效果图时，用铅笔表现方便，比较容易掌握，也很好修改；但缺点是不够厚重、色彩不够鲜艳明亮，效果不太明显。

在具体表现时，通常采用素描基础绘画知识里的明暗表现法进行，只是更加概括和简练。需要注意的是，采用彩铅表现时，一种颜色除了用笔轻重的方式来表现明暗外，还可结合其他不同色相不同明度的颜色来表现明暗，这样更能丰富画面的色彩效果。（图5-30~图5-35）

▲ 图5-25 用模板法绘制而成的成衣效果图（第1个模特与第3个模特是同一个模板，第2个模特与第4个模特为同一个模板）

图5-26

图5-27

图5-28

图5-29

▲ 图5-26~图5-29 用模板法绘制而成的成衣效果图

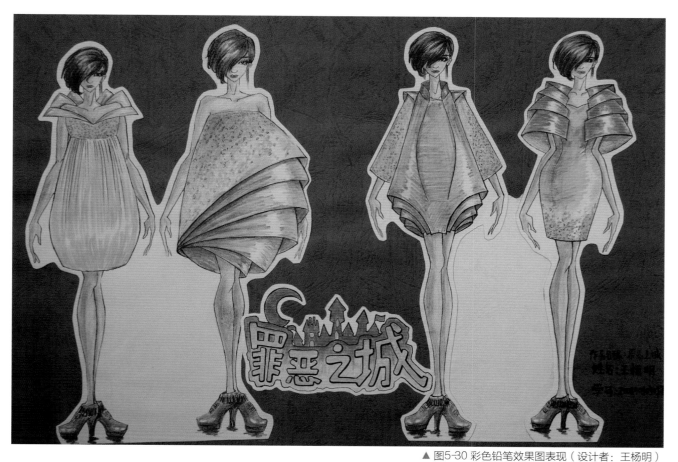

▲ 图5-30 彩色铅笔效果图表现（设计者：王杨明）

▲ 图5-31 彩色铅笔效果图表现（设计者：葛欣桐）

▲ 图5-32 铅笔效果图表现（设计者：程娜）

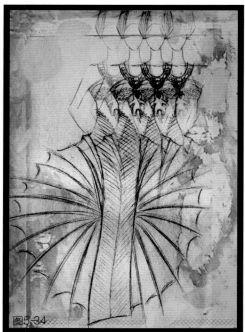

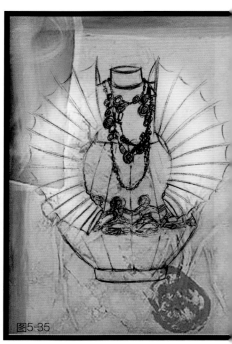

▲ 图5-33 彩色铅笔效果图表现（设计者：张德弘） ▲ 图5-34、图5-35 铅笔效果图表现（设计师：刘珊珊）

2. 水粉

在绘制成衣效果图时，水粉是常用的着色工具之一，它具有浑厚、饱满、柔润、色彩鲜艳亮丽、变化丰富、可细致刻画、质感容易表现等优点，因此容易调配出所需要的各种色彩。不足之处是笔触不好掌握分寸、水粉多少难以控制。使用水粉要求设计师有一定的水粉画基础和素描基础。

水粉表现分平涂法和明暗法，从着色方式分为厚画法和薄画法。平涂法就是用饱和的单色在画面平涂，要求均匀平整；明暗法就是用色彩的明度、色相、纯度来体现明暗关系。在具体绘制效果图时，可采用薄画法结合明暗法进行。（图5-36、图5-37）

图5-36

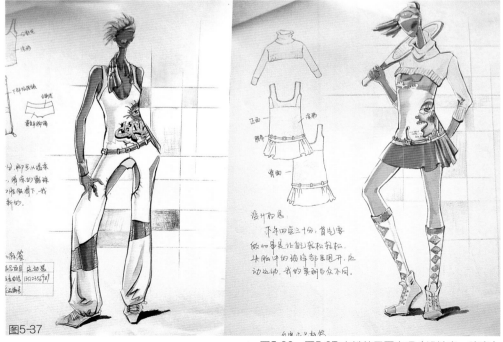

图5-37

▲ 图5-36、图5-37 水粉效果图表现（设计者：陈豪）

3. 水彩

水彩作为常用的着色工具之一，它主要靠水来调配颜料，色彩效果清晰明快，并能产生丰富的色彩层次。用水彩绘制效果图较为灵活生动，画面总体给人透明、润泽的感觉。使用水彩表现水分和时间要控制得当，否则色彩的重叠与衔接就不自然，所以要求设计师对水分运用和掌握恰如其分，另外，恰当而准确的留白会增强画面的生动性和表现力。（图5-38~图5-40）

图5-39

图5-38

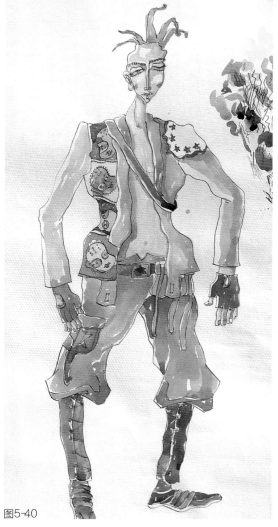

图5-40

▲ 图5-38~图5-40 水彩效果图表现（设计者：胡兰）

4. 马克笔

用马克笔绘制成衣效果图是一种方便快捷的手段，能在最短时间内看到效果，优点是笔触透明而果断，效果图风格豪放、帅气。但缺点是色彩的选择受限制，笔触不好把握且不好修改，必须一气呵成画面才能有融洽感，而且绘画成本高。

马克笔的技法可分为平涂法和明暗法。平涂法好掌握，需要练习排列线条，但不要排满不留空，可在服装边缘或高光处留白，这样才显得生动灵活。明暗法要注意色彩明度和色相的结合。（图5-41~图5-43）

5. 钢笔

用钢笔绘制效果图也算一种极为方便快捷的手段，优点是清楚、肯定、细节表现细腻，并能根据用笔的轻重和速度来形成钢笔独有的个性特色，也可在钢笔描绘的基础上稍加一点淡彩，使画面显得更加丰富而生动。（图5-44~图5-46）

▲ 图5-41 马克笔效果图表现（设计者：王希）

图5-42

图5-43

▲ 图5-42、图5-43 马克笔效果图表现（设计者：刘芳）

▲ 图5-44 钢笔绘制效果图（设计者：李霞）　　　　▲ 图5-45 钢笔绘制效果图（设计者：胡晓青）

6. 电脑

用电脑绘制效果图是代替手绘的一种方式，优点很多，它能表现真实、细腻的内容，能表现手绘不容易达到的一些特殊效果，修改、变形都很方便，保存长久。相比手绘方式，电脑更干净快捷。如果设计师有很好的绘画基础，能有助于其创作出效果更好的电脑绘制效果图。（图5-47~图5-49）

7. 综合

如果能熟练掌握以上这些常用的绘制效果图的技法，就可以综合各种手段来绘制效果图了，综合绘制效果图，让各种技法相辅相成，利用彼此的优势、相互填补彼此的不足，来取得更好的艺术效果，使效果图达到较为完美的状态。（图5-50~图5-52）

▲ 图5-46 钢笔绘制效果图（设计者：刘天勇）

▲ 图5-47 电脑绘制效果图（设计者：黄帅）

▲ 图5-48 电脑绘制效果图（设计者：韩勇）

▲ 图5-49 电脑绘制效果图（设计师：张凯）

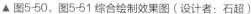

▲ 图5-50、图5-51 综合绘制效果图（设计者：石超）

▲ 图5-52 综合绘制效果图（设计者：王学庆）

（四）面料质感表现技法

1. 棉布类

棉布类面料给人感觉质朴而柔和，包括质地轻薄紧密的细棉布，也包括条纹清晰的麻纱、斜纹布、格纹布，还包括质地厚实的牛仔布等等。其中牛仔布是一种具有粗糙质地的面料，织物以斜纹为主，本身厚而硬，有的牛仔布经过砂洗后还呈现出一定的怀旧效果，极具特点；有的经过印染，呈现出特殊的肌理效果等。

效果图表现棉布类的服装，要抓住各类布料的总体特点进行。如以斜纹布、牛仔布为代表，从整体上来说，服装的外轮廓线要画得干练直挺，明暗过渡的色彩可表现得生硬些；细节上要把握牛仔面料上的明缉线特点，可在面料的总体颜色完成后，用比面料颜色稍深一点或浅一点的颜色来表现明缉线，画的时候还要沿边缘画出虚虚实实的投影，这样能给人产生压进去的凹陷感，也能增强服装效果图的真实感。（图5-53、图5-54）

2. 绸缎类

绸缎类面料一个最大的特点就是有反光，并具有丰富的灰色层次。在效果图表现时，要注意衣纹随模特身材起伏的色彩变化，如胸部、肩部、膝盖等处会出现较强的亮光，衣袖、裙身背光处会有反光，在服装褶皱处，还要通过细致刻画表现出投影和深浅变化。（图5-55）

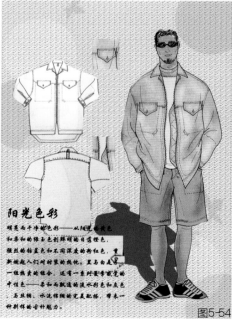

▲ 图5-53、图5-54 棉布类面料质感的表现（设计者：张昆）

▲ 图5-55 绸缎类面料质感的表现
（设计者：唐波）

3. 薄纱类

薄纱类面料的特色是质地轻盈、光泽柔和、具半透明状。在效果图表现时，可根据款式的变化，适当画出被薄纱面料遮挡住的肌肤轮廓和颜色。此外，在薄纱重叠层数多的地方和重叠层数少的地方都要画出细微的色彩变化，这才能更好体现薄纱类面料的质感。（图5-56~图5-58）

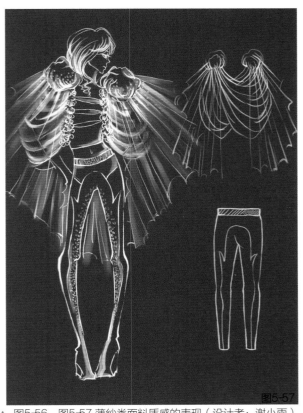

▲ 图5-56、图5-57 薄纱类面料质感的表现（设计者：谢小雨）

▲ 图5-58 薄纱类面料质感的表现（设计者：黄帅）

4. 厚型面料类

厚型面料包括质地厚重的呢料、挺括厚重的麻质类材料。在进行效果图表现时，需注重厚型面料的外观效果，通常服装的褶皱较少，会根据面料的厚度来产生疏密变化。另外，对厚型面料的表现还需要体现面料的质感，可以适当采用图案或肌理表现来增强质感。（图5-59、图5-60）

5. 针织类

针织类面料的特点是质地柔软、伸缩性强，有的纹理组织清晰。在进行效果图表现时，可理顺面料的织纹走向或者图案，不用每个地方都很清楚地画出，只需选择几处作重点描绘，使其产生立体的效果。（图5-61~图5-63）

▲ 图5-59 厚型面料效果图表现（设计者：王磊）

▲ 图5-60 厚型面料效果图表现（设计师：张凯）

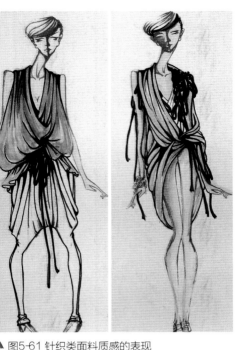

▲ 图5-61 针织类面料质感的表现
（设计者：张娟）

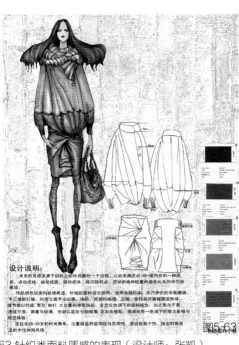

▲ 图5-62、图5-63 针织类面料质感的表现（设计师：张凯）

6. 皮草类

皮草类面料包括毛皮和皮革。毛皮是一种柔软而具有一定厚度的、外观粗犷的面料，皮革常用羊皮和牛皮，羊皮的特点是表面光滑细腻，质地柔软而富有弹性；牛皮的特点是质地厚实粗犷，表面有略显粗糙的纹理，弹性较差。

在进行效果图表现的时候，可以用线条来表现毛皮的方向性，线条不要并排整齐地出现，在顺着毛向画的同时，适当调整疏密和穿插关系，这样显得自然而生动。要注意的是，受光部分可少画或不画，背光部分略画出反光，明暗交界线是重点表现的地方，这里有着灰色层次的渐变，画的时候注意表现毛皮的厚度和质感。如果表现皮革，可忽略皮革的纹理，重点体现皮革的光泽感，如果是牛皮面料，工艺又强调粗犷感觉的，在效果图上可表现出工艺的细节，以增强艺术的感染力。（图5-64、图5-65）

▲ 图5-64、图5-65 皮草类面料效果图表现（设计者：杨宇琴）

三、单元教学导引

目标

本教学单元主要是成衣设计图的表现，包括两个环节：一、成衣款式图绘制；二、成衣效果图绘制技法。成衣设计图的表现是作为服装设计师必备的基本专业技能，因此要求学生能掌握准确表达的技巧，并发挥自己的个性特征。

要求

本教学单元通过多媒体教学的方式，图文并茂，通过案例的介绍和示范，并加强学生的练习，使学生娴熟地掌握本专业的基本技能。教学中，结合优秀作品范例的分析、观摩，培养学生的审美和动手技能。

重点

本教学单元的重点是让学生理解和把握款式图的绘制规范及设计创意的表达，学生具备一定的美术基础，有利于熟练进行设计效果图的表现。

注意事项提示

在本教学单元的学习中，教授多采用图示化的教学方式，结合更多设计的经典范例作品来形象地分析，还应该强调学生的动手能力和创造力的结合，鼓励学生在遵循设计原则的前提下充分而大胆地发挥自己的创造力。

小结要点

本教学单元主要为成衣设计创意的表现方式，其中，成衣款式图绘画规范要掌握，绘画技法可以根据个人的理解加以发挥。成衣效果图的绘制要熟练掌握，需要学生多观摩和练习。

为学生提供的思考题：

1. 服装人体与正常人体的区别？
2. 着装模特的动态如何更好地表现出服装的款式美？
3. 成衣款式图绘画规范有哪些？
4. 成衣效果图的绘制主要有哪些表现技法？

学生课余时间的练习题：

1. 练习手绘服装人体动态图。
2. 练习采用各种工具来表现效果图。
3. 练习服装面料质感的表现。

为学生提供的本教学单元的参考书目及网站：

《美国时装画技法》Bill Thames 著 白湘文 赵惠群 编译 中国轻工业出版社
《美国经典时装画技法·基础篇》（美）艾布林格 著 中国纺织出版社
《美国经典时装画技法·提高篇》（美）斯堤贝尔曼 著 中国纺织出版社
《美国时装画教程》（美）哈根 著 张培 译 中国轻工业出版社
服装设计网：http://art.cfw.cn/
蝶讯服装网：http://www.sxxl.com/

本教学单元作业命题：

自定一个主题，作系列成衣设计

作业命题的缘由：

本教学单元的作业是对本课程的最后总结验证，了解学生掌握理论知识和技能的程度及是否能较为熟练和灵活地运用，并考察学生的独立设计能力、设计思维能力、设计审美能力及效果图表现能力。通过作业训练，加深学生对成衣设计方法的掌握和运用。结合设计手法进行效果图表现，培养学生设计与表达的能力。同时本作业命题设计将前面所学的知识与此教学单元有机地结合在一起，从而起到将理论与实践结合、融会贯通的作用。

命题作业的实施方式：

采用课内与课外相结合的方式来完成。首先需要广泛收集设计资料，打开设计思维，可适当安排在课外完成，效果图的绘制安排在课内完成，在老师的辅导下进行。

作业规范与制作要求：

1. 服装人体比例得当、结构准确。
2. 设计新颖，创意独特，选择适合的表现形式进行效果图绘制。
3. 纸张统一A3大小，横向。

后 记

我们两位老师虽不在同一个学校工作，却出自同一师门，在各自的学校均从事服装设计教学与研究工作，彼此是师姐妹也是很好的合作伙伴，这次合作完成《成衣设计教程》一书的工作，可以说非常默契。

我们俩平时工作中就注重教学研究与实践成果的积累，所以在本书的编撰过程中，各种资料都准备比较充分，其中有很多是我们自己对教学与研究的理解与认识，有的是我们考察与实践的成果，但有很多很好的图例由于篇幅的关系，不能完全展现，这是我们颇感遗憾的。由于成衣设计不同于其他艺术设计，因此在内容上我们多注重理论与实践的关系，形式上注重展现经典与新颖相结合，论述上我们注重由浅入深，论据充分，尽量做到利学利教。

本书得以出版要感谢青岛大学纺织服装学院和重庆工商大学设计艺术学院的领导和同事们，他们在写作上给了我们鼎力的支持。

同时，我们也要感谢四川美术学院沈渝德教授和苏永刚教授，他们在我们写作的过程中给了我们许多诚恳的建议或批评，帮我们解决了许多困难，并不辞辛劳地修正我们写作时忽略的点点滴滴，在此深表感谢！还要感谢所有鼓励和支持我们的家人和朋友们，感谢为本书提供效果图图片的设计师和同学们，由于涉列人数过多，姓名不再一一列举，在此深表歉意！

另外，还要向在编写教材过程中所使用到的参考文献的诸位作者致以诚挚的谢意。

最后还要深深感谢为本书做了大量辛勤工作的"丛书"的编委们，正是有了他们的辛苦付出，本书才得以顺利出版。

本教程的编写严格按照贴近教学的体例构架进行，这是一种探索与尝试，在此过程中难免会有一些不足和偏颇之处，希望设计教育界的前辈和同仁们不吝赐教。

刘天勇 胡兰

2013年4月

主要参考文献

（英）阿黛尔著. 时装设计元素：面料与设计[M]. 北京：中国纺织出版社，2010.1

苏永刚编著. 服装时尚元素的提炼与运用——设计路线图[M]. 重庆：重庆大学出版社，2007.1.1

苏永刚编著. 数码服装设计表达方法[M]. 重庆：重庆大学出版社，2007.1

余强等著. 西南少数民族服饰文化研究[M]. 重庆：重庆出版社，2006.12

刘天勇，王培娜著. 民族·时尚·设计——民族服饰元素与时装设计[M]. 北京：化学工业出版社，2010.9

韩静，张松鹤编著. 服装设计[M]. 长春：吉林美术出版社，2004.8

郝永强著. 实用时装画技法[M]. 北京：中国纺织出版社，2011.4

（美）哈根著. 美国时装画技法教程[M]. 北京：中国轻工业出版社，2008.1

（美）莎伦·李·塔特 著. 苏杰，范艺，蔡建梅，陈敬玉 译. 服装·产业·设计师[M]. 北京：中国纺织出版社，2008.4

（美）桑德拉·J·凯瑟，麦尔娜·B·加纳著. 美国成衣设计与市场营销完全教程[M]. 上海：上海人民美术出版社，2009.2

图书在版编目(CIP)数据

成衣设计教程 / 刘天勇, 胡兰编著. -- 重庆：西南师范大学出版社, 2013.6
ISBN 978-7-5621-6207-0

Ⅰ. ①成... Ⅱ. ①刘... ②胡... Ⅲ. ①服装设计 - 高等职业教育 - 教材 Ⅳ. ①TS941.2

中国版本图书馆CIP数据核字(2013)第088893号

丛书策划：李远毅　王正端

高等职业教育艺术设计“十二五”规划教材
主　　编：沈渝德

成衣设计教程　刘天勇 胡兰 编著

出版发行：西南师范大学出版社
地　　址：重庆市北碚区天生路2号
邮政编码：400715
http://www.xscbs.com.cn
E-mail:xscbs@swu.edu.cn
电　　话：(023)68860895
传　　真：(023)68208984

责任编辑：王正端　袁 理
整体设计：沈 悦
经　　销：新华书店

制　　版：重庆海阔特数码分色彩印有限公司
印　　刷：重庆康豪彩印有限公司
开　　本：889mm×1194mm　1/16
印　　张：6.5
字　　数：208千字
版　　次：2013年7月 第1版
印　　次：2013年7月 第1次印刷
ISBN 978-7-5621-6207-0
定　　价：39.00元

西南师范大学出版社正端美术工作室欢迎赐稿，出版教材及学术著作等。
正端美术工作室电话：(023)68254107（办）13709418041 QQ：1175621129